W0260276

Themenhefte

SCHWERPUNKTPROGRAMM **UMWELT**
SCHWEIZ. NATIONALFONDS ZUR FÖRDERUNG DER WISSENSCHAFTLICHEN FORSCHUNG
PROGRAMME PRIORITAIRE **ENVIRONNEMENT**
FONDS NATIONAL SUISSE DE LA RECHERCHE SCIENTIFIQUE
PRIORITY PROGRAMME **ENVIRONMENT**
SWISS NATIONAL SCIENCE FOUNDATION

Grundlagen zur Beurteilung des Naturschutzwertes ausgewählter landwirtschaftlicher Nutzflächen

Bruno Baur
Klaus C. Ewald
Bernhard Freyer
Andreas Erhardt

Mitautorinnen und Mitautoren:
Brigitte Heiz, Pius Korner,
Martin Lobsinger, Lukas Pfiffner,
Yvonne Reisner, Karin Stingelin

Ökologischer Ausgleich und Biodiversität

Springer Basel AG

Prof. Dr. Bruno Baur
PD Dr. Andreas Erhardt
Institut für Natur-, Landschafts- und
Umweltschutz (NLU) der Universität Basel
St. Johanns-Vorstadt 10
CH-4056 Basel

Prof. Dr. Klaus C. Ewald
ETH Zürich
Departement Wald- und Holzforschung
CH-8092 Zürich

Dr. Bernhard Freyer
Forschungsinstitut für biologischen Landbau
Ackerstrasse
CH-5070 Frick

Die Deutsche Bibliothek - CIP-Einheitsaufnahme

Ökologischer Ausgleich und Biodiversität : Grundlagen zur Beurteilung des Naturschutzwertes ausgewählter landwirtschaftlicher Nutzflächen / Bruno Baur ... Mitautorinnen und Mitautoren: Brigitte Heiz ... - Basel ; Boston ; Berlin : Birkhäuser, 1997
(Themenhefte Schwerpunktprogramm Umwelt)

ISBN 978-3-7643-5802-0 **ISBN 978-3-0348-5059-9 (eBook)**
DOI 10.1007/978-3-0348-5059-9

Produkthaftung: Für Angaben über Dosierungsanweisungen und Applikationsformen kann vom Verlag und Herausgeber keine Gewähr übernommen werden. Derartige Angaben müssen vom jeweiligen Anwender im Einzelfall anhand anderer Literaturstellen auf ihre Richtigkeit überprüft werden.

Ursprünglich erschienen bei Birkhäuser Verlag AG, Postfach 133, CH-4010 Basel, Schweiz 1997
Camera-ready Vorlage erstellt von den Autoren
Umschlaggestaltung: Miriam Bussmann, Basel
Gedruckt auf säurefreiem Papier, hergestellt aus chlorfrei gebleichtem Zellstoff. TCF ∞

9 8 7 6 5 4 3 2 1

Inhaltsverzeichnis

Anschriften der Autorinnen und Autoren vi
Farbtafeln vii
Vorwort xv
Kurzfassung xvi
Einleitung 1
Was ist biologische Vielfalt? 3
Ökologische Ausgleichsflächen im Futterbau 5
Typ 1: Extensiv genutzte Wiesen 5
Typ 2: Extensiv genutzte Weiden 17
Typ 3: Waldweiden (Wytweiden, Selven) 24
Typ 4: Wenig intensiv genutzte Wiesen 28
Typ 5: Streueflächen 34
Ökologische Ausgleichsflächen in der Fruchtfolge 41
Typ 6: Ackerschonstreifen 41
Typ 7: Buntbrachen 47
Übrige Elemente für den ökologischen Ausgleich 55
Typ 8: Hochstamm-Feldobstbäume 55
Typ 9: Einheimische, standortgerechte Einzelbäume und Alleen 60
Typ 10: Hecken, Feldgehölze 64
Typ 11: Wassergräben, Tümpel, Teiche 70
Typ 12: Ruderalflächen, Steinhaufen, Steinwälle 75
Typ 13: Trockenmauern 81
Typ 14: Unbefestigte, natürliche Wege 86
Typ 15: Weitere ökologische Ausgleichsflächen 91
Die Bedeutung der ökologischen Ausgleichsflächen und Strukturelemente für die Biodiversität 97
Schlussfolgerungen und Empfehlungen 98
Dank 101

Anschriften der Autorinnen und Autoren

Bruno Baur, Prof. Dr., Institut für Natur-, Landschafts- und Umweltschutz der Universität Basel, Abteilung Biologie, St. Johanns-Vorstadt 10, 4056 Basel

Andreas Erhardt, PD Dr., Institut für Natur-, Landschafts- und Umweltschutz der Universität Basel, Abteilung Biologie, St. Johanns-Vorstadt 10, 4056 Basel

Klaus C. Ewald, Prof. Dr., Professur für Natur- und Landschaftsschutz, Departement Wald- und Holzforschung, ETH Zürich, 8092 Zürich

Bernhard Freyer, Dr., Forschungsinstitut für biologischen Landbau, Ackerstrasse, 5070 Frick

Brigitte Heiz, dipl. biol., Forschungsinstitut für biologischen Landbau, Ackerstrasse, 5070 Frick

Pius Korner, Institut für Natur-, Landschafts- und Umweltschutz der Universität Basel, Abteilung Biologie, St. Johanns-Vorstadt 10, 4056 Basel

Martin Lobsiger, dipl. Natw. ETH, Professur für Natur- und Landschaftsschutz, Departement Wald- und Holzforschung, ETH Zürich, 8092 Zürich

Lukas Pfiffner, dipl. Ing.-Agr. ETH, Forschungsinstitut für biologischen Landbau, Ackerstrasse, 5070 Frick

Yvonne Reisner, dipl. geogr., Forschungsinstitut für biologischen Landbau, Ackerstrasse, 5070 Frick

Karin Stingelin, Institut für Natur-, Landschafts- und Umweltschutz der Universität Basel, Abteilung Biologie, St. Johanns-Vorstadt 10, 4056 Basel

Farbtafel 1:
Extensiv genutzte Wiesen oder Magerwiesen sind artenreiche, durch menschliche Nutzung entstandene Lebensräume. Bergmagerwiese bei Tschamut (GR) mit Paradieslilie, Mückenhandwurz, Löwenzahn und Bergklee (Photo: Andreas Erhardt).

Farbtafel 2:
Extensiv genutzte Weiden sind für viele Pflanzen- und Kleintierarten ein wichtiger Lebensraum und deshalb für die Erhaltung der Biodiversität von zentraler Bedeutung. Extensivweide oberhalb Blauen, BL
(Photo: Andreas Erhardt).

1

2

3

4

Farbtafel 3:
Die Waldweide ist eine der ursprünglichsten landwirtschaftlichen Nutzformen. Je nach Beweidungsintensität haben die Flächen mehr Wald- oder Wiesencharakter. Waldweide mit Mischviehbestand in den Freibergen bei Montfaucon, JU (Photo: Andreas Erhardt).

Farbtafel 4:
Wenig intensiv genutzte Wiesen werden meist zweimal jährlich geschnitten und mässig mit Mist oder Gülle gedüngt. Dieser früher weit verbreitete Wiesentyp weist eine beträchtliche Artenvielfalt auf. Wenig intensiv genutzte Wiese bei Nenzlingen (BL) mit Wiesensalbei, Margerite und Witwenblume (Photo: Andreas Erhardt).

5

Farbtafel 5:
Streuwiesen sind durch Rodung von Bruch- und Auenwäldern und anschliessender jährlicher Mahd entstanden. Diese ungedüngten, nährstoffarmen Grünlandgesellschaften gehören zu den artenreichsten wie auch zu den gefährdetsten Lebensräumen Mitteleuropas. Pfeifengras-Streuwiese mit Sibirischen Schwertlilien bei Rottenschwil, AG (Photo: Bruno Baur).

6

Farbtafel 6:
Ackerschonstreifen sind ungedüngte und nicht mit Herbiziden behandelte Randstreifen in Kulturflächen. Ackerschonstreifen fördern die Segetalflora und bieten vielen Nützlingen Lebensraum. Ackerschonstreifen mit Klatsch-Mohn im ackerbaulich intensiv genutzten Rafzerfeld, ZH (Photo: Yvonne Reisner).

7

Farbtafel 7:
Buntbrachen sind mehrjährige Streifen oder Flächen im Acker-, Gemüse- oder Obstbau, auf welchen einheimische Wildkräuter wachsen. Vielfältige und strukturreiche Buntbrachen bieten vielen Kleintieren und Vögeln einen wertvollen Lebensraum mitten im Ackerland, Therwil BL (Photo: Lukas Pfiffner).

Farbtafel 8:
Hochstämmige Streuobstbäume dienen vielen spezialisierten Tieren als Lebensraum, darunter auch seltene und gefährdete Arten. Im Blütenkleid sind hochstämmige Streuobstbäume eine nicht zu ersetzende Augenweide.
Kirschbäume bei Bad Schönbrunn, ZG
(Photo: Klaus C. Ewald).

8

Farbtafel 9:
Einzelstehende, standortgerechte Bäume und Alleen bilden den Lebensraum für unzählige Kleintiere und bereichern das Landschaftsbild. Allee bei Lauwil, BL (Photo: Bruno Baur).

Farbtafel 10:
Hecken und Feldgehölze prägen das Landschaftsbild und sind eine grosse Bereicherung für die Pflanzen- und Tierwelt. Feldgehölz in der reichstrukturierten Juralandschaft bei der Staffelegg, AG (Photo: Yvonne Reisner).

9

10

11

12

Farbtafel 11:
Wassergräben, Tümpel, Teiche und Weiher dienen heute vielen Pflanzen- und Tierarten als Ersatzlebensraum für zerstörte Auengebiete und Sumpflandschaften. Diese Kleingewässer haben eine grosse Bedeutung für die biologische Vielfalt. Weiher mit flachem Ufer bei Rottenschwil, AG (Photo: Bruno Baur).

Farbtafel 12:
Störende Steine wurden früher aus Wiesen und Weiden entfernt und zu Steinhaufen aufgeschichtet. Steinhaufen bieten Lebensraum und Rückzugsmöglichkeiten für viele Tiere. Überwachsener Steinhaufen im Valle di Blenio, TI (Photo: Yvonne Reisner).

13

Farbtafel 13:
Trockenmauern bestehen aus locker geschichteten Steinen, die ohne oder nur mit wenig Mörtel befestigt sind. Die Hohlräume und Fugen werden von vielen spezialisierten Pflanzen- und Tierarten als Lebensraum genutzt. Weidmauer aus Kalksteinen auf dem Weissenstein, SO (Photo: Klaus C. Ewald).

Farbtafel 14:
Feldwege mit einem Grünstreifen in der Mitte wirken kaum als Ausbreitungsbarriere für Kleintiere und tragen mit ihren spezifischen Pflanzen- und Tiergesellschaften wesentlich zur Erhöhung der Biodiversität in Landwirtschaftsgebieten bei. Feldweg bei Rothenfluh, BL (Photo: Bruno Baur).

14

15

16

Farbtafel 15:
Naturnahe Rebberge bieten gute Lebensbedingungen für wärmeliebende Pflanzen- und Tierarten. Kleinstrukturierter Rebberg mit Bodenvegetation im Bergell, GR (Photo: Klaus C. Ewald).

Farbtafel 16:
Naturnahe Waldränder bieten Nahrungsquellen für Insekten und Nistplätze für Vögel an. Waldrand mit Mantelgebüsch und Saum im Sundgauer Hügelland bei Biel-Benken, BL (Photo: Yvonne Reisner).

Vorwort

Die langfristige Erhaltung der natürlichen Vielfalt liegt im Interesse der Produzentinnen wie auch der Konsumenten landwirtschaftlicher Produkte. Für viele Pflanzen- und Tierarten stellen landwirtschaftlich genutzte Flächen und Begleitbiotope wichtige Lebensräume dar. In diesem Sinne leben Menschen, Tiere und Pflanzen in einer gegenseitig vernetzten Welt. In den vergangenen Jahrzehnten führte die Anwendung immer intensiverer Produktionsmethoden in der Landwirtschaft zu einer Verdrängung wildlebender Pflanzen und Tiere und zu einer Sensibilisierung in der Konsumentenschaft. Eine naturschonendere, haushälterische Bodennutzung wurde zum Ziel erklärt. Dem Gesetz entsprechend soll die nachhaltige Bewirtschaftung durch Öko-Beiträge abgegolten werden. Bisher fehlte allerdings eine auf biologischen Kenntnissen basierende Beurteilung der Öko-Ausgleichszahlungen. Diese Lücke wird durch das vorliegende Werk geschlossen.

Eine Gruppe von Forscherinnen und Forschern aus dem Schwerpunktprogramm Umwelt des Schweizerischen Nationalfonds hat die Aufgabe übernommen, die Öko-Ausgleichszahlungen aus der Sicht der Naturwissenschaft zu durchleuchten. Die Wissenschaftler haben die Wegleitung für den ökologischen Ausgleich mit den darin aufgeführten Landwirtschaftsflächen und Begleitbiotopen analysiert und daraus Folgerungen für Praxis und Politik abgeleitet. Damit haben die Wissenschaftlerinnen auch bewiesen, dass ihnen an ihrer Arbeit mehr liegt als reiner Erkenntnisgewinn. Aus wissenschaftlicher Umweltforschung entstand ein echter Beitrag zum nachhaltigen Umwelthandeln. Es ist zu hoffen, dass die Empfehlungen auf Gehör stossen und so zur Förderung der natürlichen Vielfalt unserer Landschaft beitragen - zum Wohle aller.

Rudolf Häberli, Dr.sc.techn.,
Programmleitung Schwerpunktprogramm Umwelt

Kurzfassung

Für verschiedene extensiv bewirtschaftete oder naturnah belassene Flächen sowie für Landschaftsstrukturelemente werden den Bewirtschaftern gemäss Landwirtschaftsgesetz und Öko-Beitragsverordnung (Artikel 31b LwG und OeBV) Ausgleichsbeiträge zugesprochen. In der vorliegenden Schrift wird anhand von veröffentlichten wissenschaftlichen Untersuchungen die Bedeutung der ökologischen Ausgleichsflächen und Landschaftsstrukturelemente für die Erhaltung und Förderung der Biodiversität analysiert und mit der heutigen Entschädigungspraxis verglichen. Mit dieser Zusammenstellung wird die Grundlage für eine objektive Beurteilung und Überprüfung der bestehenden Ausgleichsbeiträge geschaffen. Die Studie zeigt, dass zwischen der aktuellen und einer zur Förderung der Biodiversität sinnvollen finanziellen Entschädigung Diskrepanzen bestehen. Mit den vorgeschlagenen Änderungen (Zusammenfassung auf Seite 95) kann ein wesentlicher Beitrag zur Erfüllung des von der Schweiz mitunterzeichneten internationalen Übereinkommens zur Erhaltung der biologischen Vielfalt (Agenda 21) geleistet werden. Die Autoren hoffen, mit dieser Studie die natürliche Arten- und Strukturvielfalt im Landwirtschaftsgebiet zu fördern.

Einleitung

Seit den Nachkriegsjahren haben sich die Anbau- und Bewirtschaftungsmethoden der Landwirtschaft unter dem Druck der erhöhten Rentabilität und der steigenden Kosten für die menschliche Arbeitskraft grundlegend geändert. Extensive Bewirtschaftungsweisen wurden massiv intensiviert oder, vor allem auf mühsam zu bewirtschaftenden Grenzertragsflächen, vollständig aufgegeben. Sehr oft wurden diese Flächen aufgeforstet oder es kam spontan Wald auf, was zu einer Verarmung der biologischen Vielfalt führte. Die veränderte Praxis in der Landwirtschaft führte zu unvorhergesehenen, hohen Verlusten an der Vielfalt von Pflanzen und Tieren in der Kulturlandschaft. Heute gilt die Landwirtschaft in Mitteleuropa gar als eine der Hauptverursacherinnen des Biodiversitätsverlustes.

Zwei verschiedene eidgenössische Gesetze sowie die von der Schweiz am 21. November 1994 ratifizierte Konvention über die biologische Vielfalt (Agenda 21) verpflichten Bund und Kantone, Massnahmen zur Erhaltung und Förderung der biologischen Vielfalt zu treffen. Mit dem Art. 18b Abs. 2 des Bundesgesetzes über den Natur- und Heimatschutz (NHG) und Art. 15 der Verordnung über den Natur- und Heimatschutz (NHV) hatte der Bund 1988 die ersten Rechtsgrundlagen für die Förderung des ökologischen Ausgleiches geschaffen. NHG und NHV legen unter anderem folgendes fest:

- Ökologischer Ausgleich ist flächendeckend in der ganzen Landschaft (und somit auch im Siedlungsgebiet) zu leisten und soll in intensiv genutzten Gebieten stattfinden.
- Isolierte Biotope sollen miteinander verbunden werden, allenfalls durch Neuschaffung von wertvollen Lebensräumen.
- Die Artenvielfalt ist zu fördern, eine möglichst naturnahe und schonende Bodennutzung ist anzustreben und das Landschaftsbild ist zu beleben.

Für die Umsetzung des NHG und der NHV sind die Kantone verfassungsgemäss zuständig.

Mit Art. 31b des Landwirtschaftsgesetzes (LwG) sowie der Öko-Beitragsverordnung (OeBV) trat am 26. April 1993 eine weitere Rechtsgrundlage zur Förderung des Natur-, Tier- und Umweltschutzes in Kraft. Das LwG und die darauf abgestützte OeBV ermöglichen es, Ökobeiträge als Direktzahlungen des Bundes für landwirtschaftliche Nutzflächen (intensiv und extensiv genutzte Gebiete) sowie für bestehende schützenswerte Lebensräume oder neugeschaffene Ausgleichsflächen zu leisten. Details über die ökologischen Ausgleichszahlungen sind in der Wegleitung für den ökologischen Ausgleich auf dem Landwirtschaftsbetrieb (Bundesamt für Landwirtschaft, 1997)[1] aufgeführt, die damit für Betriebsleiter und Beratungskräfte eine Entscheidungsgrundlage für den ökologischen Ausgleich darstellt. Mit ihrer Hilfe lässt sich ermitteln, ob ein extensiv bewirtschafteter oder naturnah belassener Lebensraum zur ökologischen Ausgleichsfläche im Sinne der Öko-Beitragsverordnung gezählt werden kann oder nicht. Die Wegleitung dient somit dem praktischen Verordnungsvollzug und wird für diesen Zweck vom Bundesamt für Landwirtschaft (BLW) und Bundesamt für Umwelt, Wald und Landschaft (BUWAL) anerkannt.

Als Beitragsempfänger des vom Schweizerischen Nationalfonds getragenen Schwerpunktprogramms Umwelt haben wir die Verpflichtung übernommen, wissenschaftliche Erkenntnisse zum Schutz der Biodiversität für die Umsetzung in der Praxis aufzubereiten. Diesen Auftrag, den wir auch als Chance betrachten, möchten wir mit der vorliegenden Dokumentation wahrnehmen. Das Studium der Wegleitung für den ökologischen Ausgleich auf dem Landwirtschaftsbetrieb hat uns dazu bewogen, die darin behandelten Vegetationstypen und Landschaftsstrukturelemente auf ihre Bedeutung für die Biodiversität anhand der vorhandenen wissenschaftlichen Literatur und des momentanen Kenntnisstandes zu prüfen. Wir halten die Direktzahlungen gemäss der OeVB für eine deutliche Verbesserung gegenüber dem früheren Subventionswesen, obwohl bei einzelnen beitragsberechtigten Flächen die Kompensation möglicher Einkommensausfälle zu stark gewichtet wird. Auf der anderen Seite werden im bestehenden Abgeltungswesen verschiedene für die Biodiversität wichtige Vegetationstypen und Strukturelemente nicht genügend berücksichtigt. Dies geht daraus hervor, dass die wissenschaftlichen Erkenntnisse bezüglich Biodiversität erst jetzt - nachdem Artikel 31b LwG bereits einige Jahre in Kraft ist - erfasst und zusammengestellt werden. Es ist daher das Ziel der vorliegenden Dokumentation, den Wert der in der Ökobeitragsverordnung aufgeführten ökologischen Ausgleichsflächen und Strukturelemente mit veröffentlichten wissenschaftlichen Untersuchungen eindeutig zu belegen. Für diese Arbeit folgten wir der Grundstruktur der Wegleitung für den ökologischen Ausgleich auf dem Landwirtschaftsbetrieb. In den nachfolgenden 15 Kapiteln wird für jeden in der Wegleitung aufgeführten Typ ökologischer Ausgleichsflächen und Landschaftsstrukturelemente die relevante Literatur zusammengefasst sowie detaillierte Empfehlungen präsentiert. Dabei wurden sämtliche Untertitel aus der Wegleitung übernommen. Diese Zusammenstellung bildet die

---

[1] Bundesamt für Landwirtschaft (Hrsg.) (1997). Wegleitung für den ökologischen Ausgleich auf dem Landwirtschaftsbetrieb. Landwirtschaftliche Beratungszentrale, Lindau, 9 S.

Grundlage für eine möglichst objektive Beurteilung des bestehenden Beitragswesens. In den beiden abschliessenden Kapiteln werden unsere aus dem umfangreichen Informationsmaterial abgeleiteten Empfehlungen für die Überprüfung der Öko-Beiträge vorgestellt. Es wird auch empfohlen, die OeBV um die Beitragsberechtigung der in der Wegleitung aufgeführten Typen 9 und 11-15 zu ergänzen.

Was ist biologische Vielfalt?

Die biologische Vielfalt oder Biodiversität umfasst die Mannigfaltigkeit und Variabilität der Lebewesen und der räumlichen und landschaftlichen Strukturen, in die sie eingebunden sind (Primack, 1995)[2]. Biodiversität kann auf drei Ebenen betrachtet werden. Grundlegend ist die Vielfalt der Arten von Viren, Bakterien, Pilzen, Pflanzen und Tieren. Eine weitere Ebene der biologischen Vielfalt ist die genetische Diversität innerhalb einer Art, sowohl zwischen geographisch isolierten Populationen als auch zwischen den Individuen einer Population. Zur Biodiversität gehört aber auch die Vielfalt der biologischen Gemeinschaften, der Ökosysteme und der Wechselbeziehungen zwischen allen drei Ebenen. Alle Ebenen der biologischen Vielfalt sind für die Erhaltung der Arten und der natürlichen Lebensgemeinschaften notwendig und für das Wohlergehen der Menschheit wichtig (Wilson, 1988[3]; Primack, 1995).

Bei einem nachhaltigen Umgang mit der Natur bleibt die lokale Biodiversität erhalten. Eine Veränderung in der Artenzusammensetzung oder eine Abnahme der natürlichen Vielfalt weist auf eine Übernutzung des entsprechenden Lebensraumes hin. In diesem Sinne kann Biodiversität als Mass für die Nutzungsintensität der Landschaft betrachtet werden.

---

2 Primack, R.B. (1995) Naturschutzbiologie. Spektrum Akademischer Verlag, Heidelberg, 713 S.

3 Wilson, E.O. (ed.) (1988) Biodiversity. National Academic Press, Washington, 521 S.

Ökologische Ausgleichsflächen im Futterbau

Typ 1: Extensiv genutzte Wiesen

Andreas Erhardt, Pius Korner

Extensiv genutzte Wiesen oder Magerwiesen sind artenreiche, durch menschliche Nutzung geschaffene Lebensräume. Sie sind durch Rodung und langjährige Bewirtschaftung von ursprünglich meist bewaldeten Flächen entstanden. Es werden verschiedene Typen von Extensivwiesen unterschieden: (1) Borstgras-Rasen (*Nardion*) auf kalkarmen Böden, (2) Kalk-Magerrasen (*Brometalia erecti*) auf kalkreichen Böden, und (3) Streuwiesen (*Molinion, Caricion davallianae* u.a.): ungedüngte Feuchtwiesen auf kalkarmer bis kalkreicher Unterlage (Typ 5 der Ausgleichsflächen) (nach Zoller, 1954; Zoller & Bischof, 1980; Briemle et al., 1991, 1993). Je nach Wasserversorgung werden die Magerrasen zudem in Trocken- und Halbtrockenrasen eingeteilt. Magerwiesen sind durch Intensivierung oder Verbrachung (vor allem in Berggebieten wegen der steilen Hanglagen und der Aufgabe des Wildheuens) massiv gefährdet. Viele Pflanzen- und Tierarten sind jedoch auf Magerwiesen als Ersatzlebensräume angewiesen, da ihre Primärstandorte grossflächig zerstört wurden. Magerwiesen haben deshalb für den Schutz dieser Arten eine ausserordentlich grosse Bedeutung *(siehe Farbtafel 1; Seite VII)*.

Die Bedeutung der extensiv genutzten Wiesen als Lebensraum für Pflanzen und Tiere

- Extensiv genutzte Wiesen weisen einen sehr grossen Artenreichtum an Pflanzen auf. Die Magerrasen stellen mit 437 Pflanzenarten die artenreichste Pflanzenformation Mitteleuropas dar (Wolkinger & Plank, 1980). Auch in der Schweiz gehören Halbtrockenrasen zu den artenreichsten Pflanzengesellschaften mit bis zu 100 Pflanzenarten pro Are (Arbeitsgruppe Trockenstandorte, 1984; Hegg et al., 1993; AGFF, 1994).
- Auf einem Quadratmeter Kalkmagerrasen können bis zu 40 Pflanzenarten gefunden werden (Nature Conservancy Council, 1982).

- Im Neuenburger Jura wurden in einem 12 Aren grossen Magerwiesenbiotop mit Trocken- und Halbtrockenrasen fast 90 Pflanzenarten nachgewiesen (Gonseth & Schlaeppy, 1985).
- In Silikat-Magerrasen stellte Bischof (1981) in nord- und in südexponierten Lagen maximal 80 - 90 Pflanzenarten fest.
- In Deutschland kommen mehr als 20% aller einheimischen Pflanzenarten in Trockenrasen vor (Kierchner et al., 1980).
- Den 50 - 100 Blütenpflanzenarten trockener Magerrasenbestände stehen gerade noch 15 - 30 Arten in Fettwiesen gegenüber (Arbeitsgruppe Magerwiesen, 1982; Hedinger & Bienz, 1988; Müller, 1992).
- Auf extensiv genutzten Wiesen leben viele seltene und bedrohte Pflanzenarten. So können in Magerwiesen beispielsweise über 30 Orchideenarten vorkommen (Bettinger et al., 1984; Höll & Breunig, 1995). Im Tessin sind 50% der 265 Pflanzenarten magerer Wiesen auf der Roten Liste (Häfelfinger et al., 1995).
- In Deutschland sind 164 Pflanzenarten der Roten Liste auf Trockenrasen angewiesen. Dieser Lebensraum beherbergt damit von allen Pflanzenformationen die grösste Anzahl bedrohter Arten. Von allen Trockenrasenarten sind 36% gefährdet (Kierchner et al., 1980; Korneck & Sukopp, 1988). In Bayern sind 38% der Pflanzenarten der Roten Liste in Trockenrasen anzutreffen (Beinlich & Klein, 1995).
- Im Kanton Schaffhausen wurden in ungedüngten Wiesen 114 Pilzarten, in gedüngten nur fünf Arten gefunden (Brunner, 1987).
- In Mitteleuropa zählen Trockenrasen zu den artenreichsten Lebensräumen für Tiere. Gepp (1986) schätzte die Insektenvielfalt eines Trockenrasens auf mehr als 1000 Arten, darunter 30 Heuschrecken-, 100 Wanzen- (*Heteroptera*), 25 Netzflügler- (*Planipennia*), 150 Käfer-, 145 Nachtfalter-, 140 Kleinschmetterlings-, 80 Tagfalter-, 65 Bienen-, 50 Grabwespen- (*Sphecidae*), 40 Schwebfliegen- (*Syrphidae*), 35 Ameisen- und 110 Raupenfliegenarten (*Larvivoridae*).
- Auf drei Magerwiesen im Nordwestschweizer Jura konnten insgesamt 143 Pflanzen-, 108 Spinnen-, 31 Hornmilben-, 8 Tausendfüssler-, 17 Heuschrecken-, 38 Laufkäfer-, 46 Schmetterlings- und 22 Landschneckenarten nachgewiesen werden (Baur et al., 1996).
- Auf drei (Halb-)Trockenrasenstandorten im Neuenburger Jura wurden total 38 Zweiflügler- und 24 Hautflüglerfamilien sowie 130 Spinnen-, 62 Wanzen-, 31 Laufkäfer-, 24 Ameisen- und 19 Heuschreckenarten nachgewiesen. Schätzungen ergaben, dass pro Quadratmeter Bodenoberfläche mehrere hundert (maximal 490) Insekten- und Spinnenindividuen leben (Gonseth & Schlaeppy, 1985).
- Zahlreiche Spinnen- und Schneckenarten sind an Trocken- und Halbtrockenrasen ge-

bunden (Wolkinger & Plank, 1980). In einem Halbtrockenrasen im Remstal wurden beispielsweise 33 Schneckenarten nachgewiesen (Schmid, 1993).

- In einem Halbtrockenrasen in Baden-Württemberg wurden 54 Wildbienenarten gefunden. Da auf dieser Wiese die Pflanzendecke nicht vollständig geschlossen war, kamen auch bodenbrütende Arten vor. Im gleichen Gebiet konnten 30 Schwebfliegen-, 23 - 31 Tagfalter- und 7 - 9 Heuschreckenarten nachgewiesen werden (Kratochwil, 1989).
- Am Kaiserstuhl wurden auf einer 0.4 ha grossen Untersuchungsfläche eines Halbtrockenrasens über 100 Bienenarten, über 50 Schmetterlings- und 50 Schwebfliegenarten sowie 71 Pflanzenarten nachgewiesen (Kratochwil, 1987).
- In Trockenrasen in der Eifel fanden Post-Plangg & Hoffmann (1982) über 80 Zikandenarten (*Cicadina*). In 60 Trockenrasen der ehemaligen DDR wurden sogar 185 Zikandenarten nachgewiesen; 44% davon kommen ausschliesslich in diesem Biotoptyp vor, weitere 24% bevorzugen diesen Lebensraum (Schiemenz, 1969).
- Zweihundert Käferarten der Roten Listen Österreichs sind an Trockenstandorte (Wiesen- und Saumgesellschaften) gebunden (Franz et al., 1995).
- Gesamteuropäisch beherbergen die natürlichen und traditionell bewirtschafteten Grünlandtypen zusammen rund 50% der Schmetterlingsarten (Erhardt & Thomas, 1991).
- An Trockenstandorten kommen bis zu 1000 Tag- und Nachtfalterarten vor (Franz et al., 1995).
- In den Schweizer Alpen wurde auf extensiv genutzten Weiden die grösste Vielfalt (39 Arten) an tagaktiven Schmetterlingen gefunden (Erhardt, 1985a, b). Auf ungedüngten Mähwiesen wurden 32 Arten nachgewiesen, während gedüngte Wiesen je nach Bewirtschaftungsintensität nur 5 - 18 Arten aufwiesen. Auf Fettwiesen waren zudem 38% der Schmetterlinge lediglich Besucher oder Durchflieger, während in ungedüngten Wiesen oder Extensivweiden über 95% der anwesenden Schmetterlingsarten sich im Biotop auch fortpflanzten (Erhardt & Thomas, 1991).
- Hedinger & Bienz (1988) fanden in Magerwiesen durchschnittlich 32, teilweise seltene und gefährdete Schmetterlingsarten, während in Fettwiesen nur 10 häufige Arten vorkamen.
- In Deutschland haben von 96 gefährdeten Tagfalterarten mindestens 55 ihren Hauptlebensraum an Trockenstandorten (Kratochwil & Schwabe, 1984).
- In der Nordeifel wurden 65 Tagfalter- und 11 Widderchenarten (*Zygaenidae*) gefunden. Von den 76 Arten kommen 20 ausschliesslich auf Kalkmagerrasen vor (Kinkler, 1978).
- In der Pfalz beherbergen Halbtrockenrasen am meisten bedrohte Schmetterlingsarten von allen Lebensraumtypen. Rund 30% aller Schmetterlingsarten können in diesem Lebens-

raum gefunden werden (Roesler, 1980).

- Im Saarland leben rund 20% der 104 vorkommenden Schmetterlingsarten ausschliesslich in Trockenrasen-Biotopen wie Magerrasen. Diese Arten bilden die am stärksten gefährdete Falterformation (Bettinger et al., 1984).
- Im Naturschutzgebiet Kapfhalde bei Tübingen wurde zum Schutz der Schmetterlinge empfohlen, Halbtrockenrasen und offenen Fels- und Schotterfluren erste Schutzpriorität zuzuordnen (Bierkamp et al., 1985).
- Die Intensivierung von Grünland führt zu einer Reduktion der Wirbellosenfauna (Curry, 1994). Je flächendeckender die intensive Bewirtschaftung erfolgt, desto mehr Schmetterlingsarten sind bedroht. In der Schweiz sind im Tiefland 69% der Schmetterlingsarten stark bedroht, in den Voralpen 28% und oberhalb der Waldgrenze 3% (Erhardt, 1995).
- Eine Nutzungsaufgabe in der subalpinen Stufe führt bei Schmetterlingen in den ersten 5 - 10 Jahren zu einer Zunahme der Artenzahl, danach kommt es aber zu einer drastischen Abnahme der Wiesenschmetterlinge (Erhardt, 1995).
- Sonnige Magerwiesen bieten Lebensraum für verschiedene Reptilienarten wie Zauneidechse (*Lacerta agilis*), Blindschleiche (*Anguis fragilis*) und Schlingnatter (*Coronella austriaca*) (Kierchner et al., 1980; Bettinger et al., 1984).
- Verschiedene Vogelarten profitieren von den offenen Magerrasenflächen und ihrem reichen Insektenangebot, so z.B. Rebhuhn (*Perdrix perdrix*), Feldlerche (*Alauda arvensis*), Heidelerche (*Lullula arborea*), Neuntöter (*Lanius collurio*) und Zippammer (*Emberiza zia*) (Kierchner et al., 1980; Nature Conservancy Council, 1982).
- Werden Halbtrockenrasen nicht mehr bewirtschaftet, so machen sich Straucharten breit. Bereits eine leichte Verbuschung führt zu einem Rückgang der Halbtrockenrasen-Pflanzenarten auf etwa 70% (Reichhoff & Böhnert, 1978). Zudem wird bei der Aufgabe der Bewirtschaftung eine deutliche Abnahme der Faunenvielfalt, insbesondere der typischen Magerrasenbewohner, festgestellt (Gonseth & Schlaeppy, 1985).

Die Bedeutung der extensiv genutzten Wiesen für die Ökologie und biologische Vielfalt im allgemeinen

- Halbtrockenrasen in der Schweiz enthalten Pflanzenarten, die auf diesen Habitattyp angewiesen sind. Dazu gehören kontinentale Waldsteppen- und Steppenpflanzen, submediterrane Arten sowie eine grosse Zahl von Orchideen, besonders die Ophrys-Arten (z.B. Bienen-Ragwurz (*Ophrys apifera*), Spinnen-Ragwurz (*Ophrys sphegodes*) (Hegg et al.,

1993).

- Fischer & Stöcklin (1997) haben nachgewiesen, dass kleine Populationen von Magerwiesen-Pflanzenarten ein erhöhtes Aussterberisiko haben. Deshalb sind grosse, zusammenhängende Magerwiesen besonders wertvoll.
- Trockenrasen sind bei uns biogeographisch von grossem Interesse als Vorposten für wärmeliebende Pflanzenarten der Mittelmeerflora (Wolkinger & Plank, 1980).
- Auf Magerrasen kommen gleichzeitig Pflanzenarten verschiedener Florengebiete (Mittelmeer, östliche Steppengebiete, Alpen) vor. Dadurch und durch ihre reiche Insektenwelt sind Magerrasen von grossem wissenschaftlichem Interesse (Zoller, 1954; Wolkinger & Plank, 1980; Amstutz et al., 1990).
- Artenreiche Wiesen bilden zusammen mit Feldgehölzen und Hecken das eigentliche Artenreservoir der bäuerlichen Kulturlandschaft und damit den Kern eines Biotopverbundsystems (Amstutz et al., 1990).
- In der Schweiz sind in den letzten Jahrzehnten über 90% der Trockenstandorte verschwunden (Klein & Keller, 1982). Vor allem seit dem zweiten Weltkrieg sind die Halbtrockenrasen in der ganzen Schweiz in sehr raschem Rückgang begriffen (Hegg et al., 1993). Im Mittelland waren 1989 nur noch 0.3% der landwirtschaftlichen Nutzfläche artenreiche Wiesen (Broggi & Schegel, 1989). Auch die Kalk-Magerrasenflächen im Jura südlich von Basel sind zwischen 1949/54 und 1982/83 um 75 - 78% zurückgegangen. Damit liegt der Anteil der Halbtrockenrasen in dieser Region nun unter 1% der Gesamtfläche (Zoller et al., 1986).
- In den Gebieten Obergoms, Bedretto, Urseren und Tavetsch sank der Anteil der Magerwiesen am Grünland in den letzten 100 - 150 Jahren von 50% auf weniger als 1% (Bischof, 1981).
- Bis zur Jahrtausendwende werden schätzungsweise 29% der Wiesen und Weiden in den Zentralalpen und 41% in den Südalpen nicht mehr bewirtschaftet werden und deshalb verganden (Surber et al., 1973).
- Bereits heute machen ungedüngte, gemähte Borstgrasrasen in den Alpen nur noch 5% des bewirtschafteten Grünlandes aus und auch in weiten Teilen des Juras ist der Anteil der Magerrasen auf unter 1% der landwirtschaftlichen Nutzfläche gesunken (Zoller & Bischof, 1980).
- Im Mittelland sind über 70% der Pflanzenarten magerer Wiesen gefährdet. In den Zentralalpen sind es 30% (Landolt, 1991).
- Während die Umwandlung von Mager- in Fettwiesen lediglich zwei bis drei Jahre benötigt, dauert der umgekehrte Prozess Jahrzehnte (Amstutz et al., 1990).

- Trocken- und Halbtrockenrasen gehören zu den am stärksten gefährdeten Pflanzenformationen in Deutschland. So sind 36% der für diese Lebensräume typischen Pflanzenarten gefährdet, 9% akut bedroht oder verschwunden (Briemle et al., 1991).
- Die Hauptgefährdungsursachen für extensiv genutzte Wiesen und Weiden sind Intensivierung in Gunstlagen, Vergandung in Grenzertragslagen, Bautätigkeit sowie Aufforstung (Ritter, 1984; Hegg et al., 1993).
- Praktisch alle verbliebenen Grünlandbiotope mit sehr hohem Naturschutzwert in Europa sind Extensivwiesen und -weiden (Bignal & McCracken, 1996).

Die Bedeutung der extensiv genutzten Wiesen für die Landwirtschaft und Besucher

- Magerrasen haben ein stark ausgeprägtes Wurzelwerk und schützen damit den Boden vor Erosion (Hegg et al., 1993). Im Sommer 1984 wurden in der Zentralschweiz 75 Erdrutsche analysiert. Während gedüngte Trockenhänge mit einer Neigung von 50% oder mehr ein erhöhtes Erdrutschrisiko haben, sind ungedüngte Magerwiesen bis zu einer Neigung von 75% kaum von Rutschen betroffen (von Wil, 1987).
- Extensivwiesen verursachen keine Probleme mit Nitrat im Grundwasser und mit der Eutrophierung von Oberflächenwasser (Amstutz et al., 1990).
- Trocken- und Halbtrockenwiesen ergeben 10 bis 35 dt Trockenmaterial (TM) Ertrag pro Hektare. Intensiv gedüngte Wiesen dagegen ergeben 100 bis 150 dt TM/ha (Briemle et al., 1991).
- Das Schnittgut von Extensivwiesen kann als organischer Dünger, als Mulchmaterial sowie in der Zellstoffindustrie verwendet werden (Briemle et al., 1991).
- Halbtrockenrasen sind nutzungselastischer als Fettwiesen, d.h. ihre Nutzungsperiode ist länger. Dadurch können Magerrasen geschnitten werden, nachdem das Heu der Fettwiesen eingebracht ist (AGFF & ANL, 1987).
- Der Insektenreichtum extensiv genutzter Wiesen trägt zur Bestäubung von nahegelegenen Obstkulturen bei (Staatsinstitut für Schulpädagogik, 1987).
- Magerwiesen sind relativ trittunempfindlich (Briemle et al., 1991).
- Die Nutzung von Extensivwiesen in der Landwirtschaft setzt entsprechende Fachkenntnisse voraus. Die Verwendbarkeit von Extensivgrünland-Aufwüchsen (wie z.B. Heu einschüriger Halbtrockenrasen) als Futter ist von der Art und dem Alter der Nutztiere abhängig (Briemle et al., 1991). Ausser für laktierende Kühe kann Magerwiesenfutter durchaus verwendet werden (Antognoli, 1995).

- Die äusserst artenreichen Aufwüchse der Halbtrockenrasen können als "Heilkräuter-Apotheke" dem Futter aus intensiv genutzten Wiesen beigegeben werden, wobei das Magerwiesenheu die nötigen Ballaststoffe liefert (Klapp, 1971). Bei reiner Verfütterung von Heu aus intensiv gedüngten Wiesen können bei Zuchttieren schwere Fruchtbarkeitsstörungen auftreten (Arbeitsgemeinschaft Trockenstandorte, 1984; Amstutz et al., 1990). Nach Thomet & Thomet-Thoutberger (1991) ist die Medizinalwirkung von Futter aus artenreichen Wiesen jedoch nicht nachgewiesen.
- Trockenrasen bieten Lebensraum für Nützlinge, was für die natürliche Schädlingsbekämpfung von Bedeutung ist (Hediger & Bienz, 1988; Amstutz et al., 1990).
- Erholungssuchende erfreuen sich an der Mannigfaltigkeit und Buntheit der Blumen sowie am emsigen Insektenleben (Huber, 1977; Amstutz et al., 1990).
- Wegen ihrer Schönheit sind Magerwiesenbiotope aus landschaftsschützerischer Sicht von grosser Bedeutung (Arbeitsgruppe Magerwiesen, 1982).
- Magerrasen sind Relikte einer früher weit verbreiteten Nutzungsform und daher von kulturhistorischer Bedeutung (Wolkinger & Plank, 1980; Höll & Breunig, 1995).

Empfehlungen

- Trocken- und Halbtrockenrasen gehören zu den artenreichsten Lebensräumen Mitteleuropas. Ihre Buntheit und ihr Strukturreichtum machen sie zu einer Wohltat für das Auge in der ausgeräumten Landschaft. Gleichzeitig gehört dieser Lebensraum zu den am meisten gefährdeten Biotopen. Daher sind heute sämtliche Trocken- und Halbtrockenrasenflächen in der Schweiz unbedingt schutzwürdig, besonders auch da die Regeneration oder Neuschaffung solcher Flächen schwierig ist (Hegg et al., 1993).
- Magerwiesen sollten auf traditionelle Weise bewirtschaftet werden, d.h. mit einem späten, einmaligen Schnitt (montan ab Ende Juni, subalpin ab August); in subalpinen Gebieten eventuell nur alle 2 - 3 Jahre. Ein zu früher Schnitt verhindert das Absamen von Pflanzen und kann den Entwicklungszyklus von Insekten empfindlich stören.
- Teilflächen von Magerwiesen sollten gestaffelt gemäht werden. Dies ermöglicht Insekten und Spinnen, nach dem Schnitt auf noch nicht oder schon vor längerer Zeit gemähte Flächen auszuweichen. Eine gestaffelte Mahd verhindert auch, dass das gesamte Nektarangebot für Insekten innert kürzester Frist wegfällt und die Insekten zum Auswandern gezwungen werden.
- Besonders erhaltenswert sind Wiesen, die mit der Sense gemäht werden. Dabei entfällt die

durch moderne Mähmaschinen verursachte Bodenverdichtung und der kürzere Schnitt führt zu günstigeren Lichtverhältnissen und Keimungsbedingungen für lichtliebende Pflanzenarten und somit zu einer grösseren Artenvielfalt.

- Für viele Tierarten ist es wichtig, dass in Halbtrockenrasen und Trockenrasen oder ihrer unmittelbaren Umgebung weitere Strukturelemente wie Büsche, Buschgruppen, gut besonnte Steinhaufen, Trockenmauern, Felspartien, Asthaufen, Erdanrisse, Holzzäune, Holzbeigen und nur unregelmässig oder im Rotationssystem alle 3 - 5 Jahre gemähte, magere Wiesenpartien vorhanden sind. Solche Strukturelemente sollten besonders gefördert werden.
- Wo aufgrund spezieller Standortverhältnisse die Chance besteht, ehemalige artenreiche Halbtrockenrasen und Trockenrasen relativ rasch zu regenerieren, sollte dies speziell unterstützt werden. Dazu gehören ehemalige Halbtrockenrasen und Trockenrasen, die erst seit relativ kurzer Zeit verbracht sind, und wenig intensiv genutzte Wiesen (Typ 4) auf durchlässigen und flachgründigen Böden in Hanglagen.
- Dies gilt nicht für stillgelegtes Ackerland (Typ 1B). Die Rückführung von intensiv bewirtschaftetem Ackerland in artenreiche Extensivwiesen ist unsicher und dürfte mindestens mehrere Jahrzehnte beanspruchen. Für die biologische Vielfalt sind frühe Regenerationsstadien aus intensivem Ackerland zweitrangig gegenüber bestehenden Trocken- und Halbtrockenrasen.

Literaturverzeichnis

AGFF (Arbeitsgemeinschaft zur Förderung des Futterbaus) (1994) Unsere Wiesen kennen. *Landfreund, 8,* 1-8.

AGFF (Arbeitsgemeinschaft zur Förderung des Futterbaus) & ANL (Arbeitsgemeinschaft Natur- und Landschaftspflege) (1987) *Blumenreiche Heumatten. Empfehlungen des Kantons Solothurn.* Eidgenössische Forschungsanstalt für landwirtschaftlichen Pflanzenbau, Zürich-Reckenholz.

Amstutz, M., Hufschmid, N. & Dick, M. (1990) *Natur aus Bauernhand - Ein Leitfaden zur ökologischen Landschaftsgestaltung.* Forschungsinstitut für biologischen Landbau, Oberwil.

Antognoli, C. (1995) *Tessiner Magerwiesen im Wandel.* Schriftenreihe Umwelt Nr. 246. Bundesamt für Umwelt, Wald und Landschaft (BUWAL), Bern.

Arbeitsgruppe Magerwiese (1982) Trockene Magerwiesen: vergessen - verloren? *Schweizeri-*

scher Bund für Naturschutz, 3, 18-20.

Arbeitsgruppe Trockenstandorte (1984) *Trockenstandorte.* Systematisch-Geobotanisches Institut der Universität Bern.

Baur, B., Joshi, J., Schmid, B., Hänggi, A., Borcard, D., Stary, J., Pedroli-Christen, A., Thommen, H.G., Luka, H., Rusterholz, H.-P., Oggier, P., Ledergerber, S. & Erhardt, A. (1996) Variation in species richness of plants and diverse groups of invertebrates in three calcareous grasslands of the Swiss Jura mountains. *Revue suisse de Zoologie, 103,* 801-833.

Beinlich, B. & Klein, W. (1995) Kalkmagerrasen und mageres Grünland: bedrohte Biotoptypen der Schwäbischen Alb. In: Schutz und Entwicklung der Kalkmagerrasen der Schwäbischen Alb. Beinlich, B. & Plachter, H. (Hrsg.). *Beihefte zu den Veröffentlichungen für Naturschutz und Landschaftspflege in Baden-Württemberg, 83,* 109-128.

Bettinger, A., Mörisdorf, S. & Ulrich, R. (1984) Trockenrasen im Saarland. *Rheinische Landschaften, 24,* 1-31.

Bierkamp, M., Meinecke, J., Schedler, J. & Weizsäcker, D. (1985) Das Naturschutzgebiet „Kapfhalde“ im Landkreis Tübingen. *Veröffentlichungen für Naturschutz und Landschaftspflege in Baden-Württemberg, 59/60,* 175-268.

Bignal, E.M. & McCracken, D.I. (1996) Low-intensity farming systems in the conservation of the countryside. *Journal of Applied Ecology, 33,* 413-424.

Bischof, N. (1981) Gemähte Magerrasen in der subalpinen Stufe der Zentralalpen. *Bauhinia, 7,* 81-128.

Briemle, G., Eichhoff, D. & Wolf, R. (1991) Mindestpflege und Mindestnutzung unterschiedlicher Grünlandtypen aus landschaftsökologischer und landeskultureller Sicht. *Beihefte zu den Veröffentlichungen für Naturschutz und Landschaftspflege in Baden-Württemberg, 60,* 69-95.

Briemle, G., Fink, C. & Hutter, C.P. (1993) *Wiese, Weide und anderes Grünland.* Weitbrecht Verlag, Stuttgart, Wien.

Broggi, M.F. & Schlegel, H. (1989) *Mindestbedarf an naturnahen Flächen in der Kulturlandschaft.* Nationales Forschungsprogramm „Boden“, Bericht 31, Liebefeld-Bern.

Brunner, I. (1987) Pilzökologische Untersuchungen in Wiesen und Brachland in der Nordschweiz (Schaffhauser Jura). *Veröffentlichungen des geobotanischen Instituts ETH, Stiftung Rübel, 92,* 128-132.

Curry, J.P. (1994) *Grassland Invertebrates.* Chapmann & Hall, London.

Erhardt, A. (1985a) Lepidopterafauna in cultivated and abandoned grassland in the subalpine region of Central Switzerland. In: *Proceedings of the 3rd Congress of the European*

Lepidopterology, Cambridge 1982, pp. 63-73. Societas Europaea Lepidopterologica.

Erhardt, A. (1985b) Wiesen und Brachland als Lebensraum für Schmetterlinge. Eine Feldstudie im Tavetsch (GR). *Denkschriften der Schweizerischen Naturforschenden Gesellschaft, 98,* 1-154.

Erhardt, A. (1995) Ecology and conservation of alpine Lepidoptera. In: *Ecology and Conservation of Butterflies.* Pullin, A.S. (ed.), pp. 258-276. Chapman & Hall, London.

Erhardt, A. & Thomas, J.A. (1991) Lepidoptera as indicators of change in the semi-natural grasslands of lowland and upland Europe. In: *The Conservation of Insects and their Habitats.* Collins, N.M. & Thomas, J.A. (ed.), pp. 213-236. 15th Symposium of the Royal Entomological Society of London, Academic Press, London.

Fischer, M. & Stöcklin, J. (1997) Local extinctions of plants in remnants of extensively used calcareous grasslands 1950-1985. *Conservation Biology, 11,* 727-737.

Franz, W., Krainer, K., Petutschnig, W. & Rottenburg, T. (1995) *Kärntens bedrohte Natur, Trockenwiesen.* Amt der Kärntner Landesregierung und Arge Naturschutz, Klagenfurt.

Gepp, J. (1986) Trockenrasen in Österreich als schutzwürdige Refugien wärmeliebender Tierarten. In: Österreichischer Trockenrasen-Katalog. Holzner, W. et al. (Hrsg.). *Grüne Reihe des Bundesministeriums für Gesundheit und Umweltschutz 6,* 15-29.

Gonseth, Y. & Schlaeppy, S. (1985) Etude floristique et faunistique de trois prairies sèches du pied du Jura. *Eco Informations, Bulletin du groupe de travail pour l'enseignement de l'écologie, 11/12,* 1-90.

Häfelfinger, S., Lötscher, M., Guggisberg, F. & Studer-Ehrensberger, K. (1995) Die Magerwiesen und Dauerbrachen der montanen Stufe des Tessins, eine geobotanisch-zoologische Übersicht. In: *Tessiner Magerwiesen im Wandel.* Schriftenreihe Umwelt Nr. 246, pp. 15-40. Bundesamt für Umwelt, Wald und Landschaft (BUWAL), Bern.

Hedinger, C. & Bienz, H. (1988) *Lebensraum Trockenrasen.* Schweizerischer Bund für Naturschutz, Neuauflage der Sondernummer 84/4.

Hegg, O., Béguin, C. & Zoller, H. (1993) *Atlas schutzwürdiger Vegetationstypen der Schweiz.* Bundesamt für Umwelt, Wald und Landschaft (BUWAL), Bern.

Höll, N. & Breunig, T. (Hrsg.) (1995) Biotopkartierung Baden-Württemberg. *Beihefte zu den Veröffentlichungen für Naturschutz und Landschaftspflege in Baden-Württemberg, 81,* 218-226.

Huber, A. (1977) *Zum Problem des Rückganges und der Erhaltung naturnaher Wiesen und Weiden in der Schweiz.* Eidgenössische Anstalt für das forstliche Versuchswesen, Angewandte Landschaftsforschung, Birmensdorf.

Kierchner, G.J., Schönfelder, P. & Meineke, J.U. (1980) *Trockenrasen, Gefährdung und*

Schutz. Deutscher Naturschutzring e.V., Bundesamt für Umweltschutz, Bonn.

Kinkler, H. (1978) Die Tagfalter (Diurna) und Widderchen (Zygaenidae) der Kalkmagerrasen der Nordeifel (Nordrhein-Westfalen). *Mitteilungen der Arbeitsgemeinschaft nordrhein-westfälischer Lepidopterologen, 1/2,* 74-77.

Klapp, E. (1971) *Wiesen und Weiden.* 4. Auflage. Paul Parey, Berlin.

Klein, A. & Keller, H. (1982) *Trockenstandorte und Bewirtschaftungsbeiträge.* Bundesamt für Forstwesen, Bern.

Korneck, D. & Sukopp, H. (1988) *Rote Liste der in der Bundesrepublik Deutschland ausgestorbenen, verschollenen und gefährdeten Farn- und Blütenpflanzen und ihre Auswertung für den Arten- und Biotopschutz.* Schriftenreihe Vegetationskunde, 19, Bonn-Bad Godesberg.

Kratochwil, A. (1987) Zoologische Untersuchungen auf pflanzensoziologischem Raster-Methode, Probleme und Beispiele biozönologischer Forschung. *Tuexenia, 7,* 13-51.

Kratochwil, A. (1989) Biozönotische Umschichtungen im Grünland durch Düngung. *Norddeutsche Naturschutzakademie Berichte, 2,* 46-58.

Kratochwil, A. & Schwabe, A. (1984) Lebensraum Trockenrasen. *Zeitschrift für Mitglieder und Freunde des World Wildlife Fund, 2,* 3-8.

Landolt, E. (1991) *Rote Liste der Farn- und Blütenpflanzen in der Schweiz.* Bundesamt für Umwelt, Wald und Landschaft (BUWAL), Bern.

Müller, W. (1992) *Natur in Wiese und Acker.* Schweizerischer Vogelschutz, Zürich.

Nature Conservany Council (1982) *Chalk Grassland, its Conservation and Management.* Nature Conservancy Council, London.

Post-Plangg, N.U.A. & Hoffmann, H. (1982) Ökologische Untersuchungen an der Zikandenfauna des Bausenbergs in der Eifel - mit besonderer Berücksichtigung der Trockenrasen. *Decheniana-Beiheft, 27,* 184-240.

Reichhoff, L. & Böhnert, W. (1978) Zur Pflegeproblematik von *Festuco-Brometea-*, *Sedo-Sclerethetea-* und *Corynephoretea-*Gesellschaften in Naturschutzgebieten im Süden der DDR. *Archiv für Naturschutz und Landschaftsforschung, 18,* 81-102.

Ritter, M. (1984) *Trockenvegetation im Grünland des Kantons Jura.* Beiträge zum Naturschutz in der Schweiz, 6. Schweizerischer Bund für Naturschutz, Basel.

Roesler, R.U. (1980) Die gefährdeten Tagfalter (Rhapalocera - Lepidoptera - Schmetterlinge) der Pfalz und ihre Biotope. *Pfälzer Heimat, 31,* 134-147.

Schiemenz, H. (1969) Die Zikandenfauna mitteleuropäischer Trockenrasen. *Entomologische Abhandlungen Staatliches Museum für Tierkunde in Dresden, 36,* 202-277.

Schmid, G. (1993) Schnecken xerothermer Keuperstandorte im mittleren Remstal. In:

Floristische und faunistische Untersuchungen an xerothermen Keuperstandorten im mittleren Remstal. Scherer, H. (Hrsg.). *Beihefte zu den Veröffentlichungen für Naturschutz und Landschaftspflege in Baden-Württemberg, 76,* 283-339.

Staatsinstitut für Schulpädagogik und Bildungsforschung München (1987) *Handreichung zum Thema Naturschutz und Landschaftspflege für den Unterricht an beruflichen Schulen in der Agrarwissenschaft.* Im Auftrage des Bayerischen Staatsministeriums für Unterricht und Kultus, München.

Surber, E., Amiet, R. & Kobert, H. (1973) Das Brachlandproblem in der Schweiz. *Bericht der Eidgenössischen Anstalt für das forstliche Versuchswesen Birmensdorf, 112,* 1-138.

Thomet, P. & Thomet-Thoutberger, E. (1991) *Vorschläge zur ökologischen Gestaltung und Nutzung der Agrarlandschaft.* Nationales Forschungsprogramm „Boden", Liebefeld-Bern.

von Wyl, B. (1987) Beitrag naturnaher Nutzungsformen zur Stabilisierung von Ökosystemen im Berggebiet, insbesondere zur Verhinderung von Bodenerosion. *Schweizerische Landwirtschaftliche Forschung, 26,* 405-464.

Wolkinger, F. & Plank, S. (1980) *Etude sur les pelouses sèches en Europe.* Conseil de l'Europe, Comité Européen pour la sauvegarde de la nature et des ressources naturelles, Strasbourg.

Zoller, H. (1954) *Die Arten der* Bromus erectus-*Wiesen des Schweizer Juras.* Veröffentlichungen des Geobotanischen Institutes Rübel, ETH Zürich, Heft 28.

Zoller, H. & Bischof, N. (1980) Stufen der Kulturintensität und ihr Einfluss auf Artenzahl und Artengefüge der Vegetation. *Phytocoenologia, 7,* 35-51.

Zoller, H., Wagner, C. & Frey, V. (1986) Nutzungsbedingte Veränderungen in *Mesobromion*-Halbtrockenrasen in der Region Basel - Vergleiche 1950 - 1980. *Abhandlungen des Museums für Naturkunde Münster, 48,* 93-107.

Typ 2: Extensiv genutzte Weiden

Andreas Erhardt, Pius Korner

Die jahrhundertlange Haustierhaltung führte allmählich zur Ausbildung von offenem Grünland, dessen natürliche Wiederbewaldung meist durch Weidehaltung verhindert wurde. Je nach Standort sind unterschiedliche Extensivweiden entstanden. Die zwei wichtigsten Typen sind (1) Borstgras-Magerrasen (*Nardion*) auf kalkarmen Böden in eher höheren Lagen und (2) Kalk-Magerweiden (*Gentiano-Koelerietum, Mesobrometum*) auf kalkhaltigen Böden (Amstutz et al., 1990; Briemle et al., 1991; Plachter & Schmidt, 1995). Diese ursprünglichen Weiden wurden extensiv bewirtschaftet. Heute dagegen werden in Mitteleuropa die meisten Weiden stark gedüngt und bilden deshalb in Bezug auf die Biodiversität verarmte Rasenbestände; die extensiven Weiden sind an vielen Orten verschwunden. Je nach Besatzdichte und Art des Viehs sind die Weiden stärker oder schwächer von Sträuchern und Bäumen überwachsen. Zu den weidefestesten Straucharten gehören Wacholder (*Juniperus communis*) und Schwarzdorn (*Prunus spinosa*). Extensivweiden sind für viele Pflanzen- und Tierarten über grosse Gebiete die einzigen bewohnbaren Lebensräume und haben deshalb für die Erhaltung der Biodiversität eine zentrale Bedeutung *(siehe Farbtafel 2; Seite VII)*.

Die Bedeutung der extensiv genutzten Weiden als Lebensraum für Pflanzen und Tiere

- Auf Extensivweiden führt selektiver Viehverbiss zu einem strukturreichen Mosaik von offenen Flächen und Gebüschgruppen. Bei Unterbestockung oder Aufgabe der Weidetätigkeit verbuschen die Flächen längerfristig und verlieren dadurch ihre Eigenart (Reichhoff & Böhnert, 1978; Curry, 1994; Schumacher et al., 1995).
- Auch Weidestellen mit Hochstauden und Gehölzgruppen auf weniger intensiv beweideten Flächen, sogenannte Saumbiotope, tragen zur Artenvielfalt bei (Walther, 1995).
- Extensiv genutzte Weiden können bis zu 70 Pflanzenarten beherbergen (Zoller & Bischof, 1980; Bischof, 1984; Amstutz et al., 1990).

- Schaftritt kann günstige Keimbedingungen für verschiedene Pflanzenarten schaffen (Schumacher et al., 1995; Flory & Züger, 1996).
- Vegetationslose Bereiche, wie sie durch Tritt in Extensivweiden entstehen, sind Lebensraum für grabende Kleintiere, wie z.B. den Ameisenlöwen (*Pyrmeleon formicarius*), eine Netzflüglerlarve, die in Sandtrichtern Ameisen fängt (Hering & Beinlich, 1995). Auch Reptilien profitieren von offenen, stark besonnten Stellen (Flory & Züger, 1996).
- Traditionelle Beweidung fördert lichtbedürftige Kräuter, die für diverse Kleintiere als Nektar- und Futterpflanzen wichtig sind. Durch die Auflichtung des Pflanzenbestandes werden zudem die bodennahen Luftschichten stärker erwärmt und somit wärmeliebenden Arten gefördert (Schumacher et al., 1995).
- Im Gegensatz zu gemähten Flächen sind auf extensiv genutzten Weiden dauernd blühende und hochstehende Pflanzen vorhanden, was für viele pflanzenfressende Insekten günstig ist (Curry, 1994; Flory & Züger, 1996).
- Besonders gefördert werden stachelige und bitterstoffreiche Pflanzenarten wie Stengellose Kratzdistel (*Cirsium acaule*), Fransen-Enzian (*Gentiana ciliata*) oder Pyramiden-Kammschmiele (*Koeleria pyramidata*).
- In Deutschland sind 30% der in Borstgrasrasen vorkommenden Pflanzenarten gefährdet (Briemle et al., 1993).
- Der Kot des Viehs spielt für verschiedene Insekten eine zentrale Rolle. Verschiedene Arten wie z.B. Aaskäfer (*Silphidae*), Kurzflügler (*Staphylinidae*) und Mistkäfer (*Geotrupidae*) verbringen ihr Larvenstadium im Viehkot (Flory & Züger, 1996).
- In Kalkmagerweiden mit 50 - 100% Vegetationsdeckungsgrad der Schwäbischen Alb konnten 26 Landhäuschenschnecken-, 17 Heuschrecken-, 46 Laufkäfer- und 36 Tagfalterarten nachgewiesen werden. Jeweils ein Viertel bis ein Drittel der Arten stehen auf den Roten Listen Deutschlands oder Baden-Württembergs (Walther, 1995).
- Baehr & Baehr (1984) fanden bei einem Transekt durch verschiedene Lebensraumtypen in der beweideten Wacholderheide die artenreichste und eigenständigste Spinnenfauna.
- In der Schwäbischen Alb leben auf beweideten Kalkmagerrasen 38 Tagfalterarten; 17 davon sind typische Kalkmagerrasenarten und 11 Arten profitieren im speziellen von Saumstrukturen (Beinlich, 1995). Auch 28 Heuschrecken- und 29 Landschneckenarten wurden nachgewiesen. Auf unterschiedlich stark beweideten Flächen wurden insgesamt 41 Laufkäfer- und 25 Ameisenarten gefunden.
- In den Schweizer Alpen war die Vielfalt an tagaktiven Schmetterlingen in extensiv genutzten Weiden (39 Arten) und ungedüngten Mähwiesen (32 Arten) am grössten, während gedüngte Wiesen je nach Nutzungsintensität nur 5 - 18 Arten aufwiesen (Erhardt, 1985). Auf

Fettwiesen waren zudem 38% der Schmetterlinge lediglich Besucher oder Durchflieger, während in ungedüngten Wiesen oder Extensivweiden über 95% der anwesenden Schmetterlingsarten sich auch im Lebensraum fortpflanzten (Erhardt & Thomas, 1991).

- Je flächendeckender die intensive Bewirtschaftung erfolgt, desto mehr Schmetterlingsarten sind bedroht. In der Schweiz sind im Tiefland 69% der Schmetterlingsarten stark bedroht, in den Voralpen 28% und oberhalb der Waldgrenze 3% (Erhardt, 1995).
- Wenn Extensivweiden intensiviert oder aufgegeben werden, nimmt im allgemeinen die Pflanzenvielfalt ab. Bei intensiver Beweidung nimmt auch die Wirbellosenfauna ab (Curry, 1994). Ohne Nutzung der Kalkmagerweiden sinkt das Blütenangebot und der Beschattungsgrad nimmt zu, wodurch die typische Magerrasenfauna allmählich verschwindet (Walther, 1995).
- Auf Kalkmagerrasen der Schwäbischen Alb ging durch die Aufgabe der Beweidung und fortgeschrittene Verbuschung die Artenzahl an Kleintieren zurück (Beinlich, 1995).

Die Bedeutung der extensiv genutzten Weiden für die Ökologie und biologische Vielfalt im allgemeinen

- Blumen- und strukturreiche Weiden und Wiesen bilden zusammen mit Hecken und Feldgehölzen das eigentliche Artenreservoir und damit den Kern eines Biotopverbundes in der bäuerlichen Kulturlandschaft (Amstutz et al., 1990).
- Wildgrasfluren und Magerrasen sind durch die moderne Landwirtschaft stark zurückgegangen. Der Rückgang der Wanderschäferei und der extensiven Bewirtschaftung liess viele Flächen verbrachen, während andere durch Düngung und Planierung in artenarme Fettwiesen umgewandelt wurden (Staatsinstitut für Schulpädagogik, 1987).
- Bis zur Jahrtausendwende werden schätzungsweise 29% der Wiesen und Weiden in den Zentralalpen und 41% in den Südalpen nicht mehr bewirtschaftet werden und deshalb verganden (Surber et al., 1973).
- Zwischen 1956 und 1986 sind im Südschwarzwald 50% der Magerweiden verschwunden (Kersting, 1991).
- In Baden-Württemberg sind Extensivweiden (Kalkmagerrasen, Wacholderheiden) seit der Jahrhundertwende um 50 - 88% zurückgegangen. Die noch vorhandenen Weideflächen werden heute je nach Gebiet noch zu 5 - 81% bestossen (Beinlich & Klein, 1995).
- Praktisch alle verbliebenen Grünlandbiotope mit sehr hohem Naturschutzwert in Europa sind Extensivwiesen und -weiden (Bignal & McCracken, 1996).

Die Bedeutung der extensiv genutzten Weiden für die Landwirschaft und Besucher

- Magerrasen haben ein stark ausgeprägtes Wurzelwerk und schützen damit den Boden vor Erosion (Hegg et al., 1993).
- Borstgrasrasen eignen sich je nach Ausprägung zur Streuegewinnung oder als Schaf-, Ziegen- und Rinderweide. Mit 5 - 20 dt Trockenmaterial/ha ergeben ungedüngte Borstgrasrasen jedoch einen sehr kleinen Ertrag (Briemle et al., 1991).
- Die äusserst artenreichen Aufwüchse der Magerrasen können als "Heilkräuter-Apotheke" dem Futter von intensiv genutzten Wiesen beigegeben werden (Klapp, 1971; Arbeitsgruppe Trockenstandorte, 1984). Nach Thomet & Thomet-Thoutberger (1991) ist die Medizinalwirkung von Futter aus artenreichen Wiesen jedoch nicht nachgewiesen.
- Der Insektenreichtum blütenreicher Flächen trägt zur Bestäubung von nahegelegenen Obstkulturen bei (Staatsinstitut für Schulpädagogik, 1987).
- Raubinsekten aus Extensivweiden jagen Schädlinge der Kulturfläche (Staatsinstitut für Schulpädagogik, 1987).
- Borstgrasrasen und Wacholderheiden sind relativ trittunempfindlich, was vor allem in Tourismusgebieten ein Vorteil ist (Briemle et al., 1991).
- Alte Flurnamen wie Ätz, Heide, Trift, Tratten usw. zeugen von der ehemals weiten Verbreitung von Wildgrasfluren und beweideten Magerrasen. Diese sind ein wichtiger Teil der Kultur- und Landschaftsgeschichte (Staatsministerium für Schulpädagogik, 1987).

Empfehlungen

- Extensivweiden bieten sehr vielen Pflanzen- und Tierarten einen Lebensraum. Die noch vorhandenen Flächen sind daher unbedingt schutzwürdig. Es sollten auch vermehrt Extensivweiden neu geschaffen werden. Die Zunahme stark bestossener Schafweiden auf Kosten von mageren Mähwiesen ist allerdings auch problematisch.
- Die Beweidungsintensität sollte weder zu hoch noch zu tief sein. Zu intensive Beweidung bewirkt eine Verarmung durch Überdüngung und Tritt, während zu schwache Beweidung die Verbrachung und damit längerfristig ebenfalls den Verlust an Pflanzen- und Tierarten fördert (Erhardt, 1985; Bischof, 1984).
- Zeitpunkt und Dauer der Bestossung sollten die Vegetations- und Faunenentwicklung berücksichtigen. Dauerbeweidung wirkt sich negativ aus, weil Vegetation und Fauna keine Erholungsphase haben, während Koppelbeweidung wegen der kurzfristig (zu) hohen In-

tensität ebenfalls zu vermeiden ist.

- Die für Extensivweiden typischen Gebüschkrüppelformen sollten als Larvalfutterpflanzen und Entwicklungsräume für Insekten unbedingt erhalten werden.
- Die Erhaltung und Neuanlage von Spezialstrukturen mit hohem biologischem Wert wie Büsche und Buschgruppen, Trockenmauern, Stein- und Asthaufen, Erdanrisse, Zäune, Holzbeigen, Bretter, kleinere offene Felspartien, Stellen mit Gesteinsschutt oder Einzelbäume sollten speziell gefördert werden.

Literaturverzeichnis

Amstutz, M., Hufschmid, N. & Dick, M. (1990) *Natur aus Bauernhand - Ein Leitfaden zur ökologischen Landschaftsgestaltung.* Forschungsinstitut für biologischen Landbau, Oberwil.

Arbeitsgruppe Trockenstandorte (1984) *Trockenstandorte.* Systematisch-Geobotanisches Institut der Universität Bern.

Baehr, B. & Baehr, M. (1984) Die Spinnen des Lautertales bei Münsingen (Arachnida, Araneae). *Veröffentlichungen für Naturschutz und Landschaftspflege in Baden-Württemberg, 57/58,* 375-406.

Beinlich, B. (1995) Veränderungen der Wirbellosen-Zönosen auf Kalkmagerrasen im Verlaufe der Sukzession. In: Schutz und Entwicklung der Kalkmagerrasen der Schwäbischen Alb. Beinlich, B. & Plachter, H. (Hrsg.). *Beihefte zu den Veröffentlichungen für Naturschutz und Landschaftspflege in Baden-Württemberg, 83,* 13-30.

Beinlich, B. & Klein, W. (1995) Kalkmagerrasen und mageres Grünland: bedrohte Biotoptypen der Schwäbischen Alb. In: Schutz und Entwicklung der Kalkmagerrasen der Schwäbischen Alb. Beinlich, B. & Plachter, H. (Hrsg.). *Beihefte zu den Veröffentlichungen für Naturschutz und Landschaftspflege in Baden-Württemberg, 83,* 283-310.

Bignal, E.M. & McCracken, D.I. (1996) Low-intensity farming systems in the conservation of the countryside. *Journal of Applied Ecology, 33,* 413-424.

Bischof, N. (1984) *Pflanzensoziologische Untersuchungen von Sukzessionen aus gemähten Magerrasen in der subalpinen Stufe der Zentralalpen.* Beiträge zur geobotanischen Landesaufnahme der Schweiz, Heft 60.

Briemle, G., Eichhoff, D. & Wolf, R. (1991) Mindestpflege und Mindestnutzung unterschiedlicher Grünlandtypen aus landschaftsökologischer und landeskultureller Sicht. *Beihefte zu den Veröffentlichungen für Naturschutz und Landschaftspflege in Baden-Württemberg, 60,*

102-233.

Briemle, G., Fink, C. & Hutter, C.P. (1993) *Wiese, Weide und anderes Grünland.* Weitbrecht Verlag, Stuttgart, Wien.

Curry, J.P. (1994) *Grassland Invertebrates.* Chapmann & Hall, London.

Erhardt, A. (1985) Lepidopterafauna in cultivated and abandoned grassland in the subalpine region of Central Switzerland. In: *Proceedings of the 3rd Congress of the European Lepidopterology, Cambridge 1982*, pp. 63-73. Societas Europaea Lepidopterologica.

Erhardt, A. (1995) Ecology and conservation of alpine Lepidoptera. In: *Ecology and Conservation of Butterflies.* Pullin, A.S. (ed.), pp. 258-276. Chapman & Hall, London.

Erhardt, A. & Thomas, J.A. (1991) Lepidoptera as indicators of change in the semi-natural grasslands of lowland and upland Europe. In: *The Conservation of Insects and their Habitats.* Collins, N.M. & Thomas, J.A. (eds), pp. 213-236. 15th Symposium of the Royal Entomological Society of London, Academic Press, London.

Flory, C. & Züger, M. (1996) *Weshalb Beweidung statt Mahd?* (Brief des Aargauischen Bundes für Naturschutz an die kantonale Forstdirektion, Aarau, vom 15.7.96; unveröffentlicht).

Hegg, O., Béguin, C. & Zoller, H. (1993) *Atlas schutzwürdiger Vegetationstypen der Schweiz.* Bundesamt für Umwelt, Wald und Landschaft (BUWAL), Bern.

Hering, D. & Beinlich, B. (1995) Die Bedeutung von Raumstrukturen und räumlichen Konfigurationen für Tiere auf Kalkmagerrasen. In: Schutz und Entwicklung der Kalkmagerrasen der Schwäbischen Alb. Beinlich, B. & Plachter, H. (Hrsg.). *Beihefte zu den Veröffentlichungen für Naturschutz und Landschaftspflege in Baden-Württemberg, 83,* 391-406.

Kersting, G. (1991) *Allmendweiden im Südschwarzwald - eine vergleichende Vegetationskartierung nach 30 Jahren.* Ministerium für den ländlichen Raum, Stuttgart.

Klapp, E. (1971) *Wiesen und Weiden.* 4. Auflage. Paul Parey, Berlin.

Plachter, H. & Schmidt, M. (1995) Die Kalkmagerrasen Südwestdeutschlands als Modell für den Schutz und die Entwicklung anthropo-zoogener Lebensräume. In: Schutz und Entwicklung der Kalkmagerrasen der Schwäbischen Alb. Beinlich, B. & Plachter, H. (Hrsg.). *Beihefte zu den Veröffentlichungen für Naturschutz und Landschaftspflege in Baden-Württemberg, 83,* 13-30.

Reichhoff, L. & Böhnert, W. (1978) Zur Pflegeproblematik von *Festuco-Brometea-*, *Sedo-Sclerethetea-* und *Corynephoretea*-Gesellschaften in Naturschutzgebieten im Süden der DDR. *Archiv für Naturschutz und Landschaftsforschung, 18,* 81-102.

Schumacher, W., Münzel, M. & Riemer, S. (1995) Die Pflege der Kalkmagerrasen. In: Schutz und Entwicklung der Kalkmagerrasen der Schwäbischen Alb. Beinlich, B. &

Plachter, H. (Hrsg.). *Beihefte zu den Veröffentlichungen für Naturschutz und Landschaftspflege in Baden-Württemberg, 83,* 37-63.

Staatsinstitut für Schulpädagogik und Bildungsforschung München (1987) *Handreichung zum Thema Naturschutz und Landschaftspflege für den Unterricht an beruflichen Schulen in der Agrarwissenschaft.* Im Auftrage des Bayerischen Staatsministeriums für Unterricht und Kultus, München.

Surber, E., Amiet, R. & Kobert, H. (1973) Das Brachlandproblem in der Schweiz. *Bericht der Eidgenössischen Anstalt für das forstliche Versuchswesen Birmensdorf, 112,* 1-138.

Thomet, P. & Thomet-Thoutberger, E. (1991) *Vorschläge zur ökologischen Gestaltung und Nutzung der Agrarlandschaft.* Nationales Forschungsprogramm „Boden", Liebefeld-Bern.

Walther, C. (1995) Untersuchungen zur Fauna regelmässig beweideter Kalkmagerrasen. In: Schutz und Entwicklung der Kalkmagerrasen der Schwäbischen Alb. Beinlich, B. & Plachter, H. (Hrsg.). *Beihefte zu den Veröffentlichungen für Naturschutz und Landschaftspflege in Baden-Württemberg, 83,* 159-180.

Zoller, H. & Bischof, N. (1980) Stufen der Kulturintensität und ihr Einfluss auf Artenzahl und Artengefüge der Vegetation. *Phytocoenologia, 7,* 35-51.

Typ 3: Waldweiden (Wytweiden, Selven)

Andreas Erhardt, Pius Korner

Die Waldweide ist eine der ursprünglichsten landwirtschaftlichen Nutzungsformen (Ellenberg,1996). Durch Verbiss des Viehs, durch Schlagen oder Abbrennen von Bäumen und Holzraubbau entstand über eine lange Zeitperiode die offene Feldflur. Bis ins letzte Jahrhundert wurden Haustiere in den Wald getrieben, wo sie Unterwuchs, Laub, junge Triebe und Früchte wie Eicheln oder Bucheckern frassen. Entsprechend der Beweidungsintensität hatten die Flächen mehr Wald- oder Wiesencharakter. Diese Nutzung führte aber vielerorts zu starken Degradationserscheinungen, so dass sie durch Waldschutzgesetze verboten wurde. Andererseits entstanden durch Auflichtungen neue Lebensraumbedingungen im Wald, deren mosaikartige Verteilung eine hohe Artenvielfalt ermöglicht (Drescher, 1989; Briemle et al., 1993; Steiger, 1995). Je nach geographischer Region und Standort werden verschiedene Typen von Waldweiden unterschieden (Gallandat et al. 1995; Ellenberg, 1996). Unter dem Druck erhöhter Rentabilität ist die für die Vielfalt mesophiler Pflanzen- und Tierarten wichtige Waldweide massiv zurückgegangen *(siehe Farbtafel 3; Seite VIII)*.

Die Bedeutung der Waldweiden als Lebensraum für Pflanzen und Tiere

- Die Strukturvielfalt von Waldweiden führt zu stark unterschiedlichen Lebensraumbedingungen auf engem Raum und damit zu einer hohen Artenvielfalt (Geiser, 1992).
- Dornige und schlecht schmeckende Pflanzenarten sowie Arten mit hoher Regenerationskraft profitieren von der Waldweidenutzung im Vergleich mit der reinen Waldnutzung. Zu diesen gehören unter anderen die Esche (*Fraxinus excelsior*), Stiel-Eiche (*Quercus robur*), Hasel (*Carpinus betulus*), Weissdorn (*Crataegus* spp.) und der Schwarzdorn (*Prunus spinosa*).
- Verschiedene Vogelarten profitieren von den dornigen Sträuchern der Waldweide, so z.B. der Rotrückenwürger (*Lanius collurio*) (Glutz, 1962).

- Alte, zerfallende Bäume beherbergen eine grosse Anzahl von Flechten, Moosen und Pilzen sowie zahllose Insekten und andere Wirbellose. Ausserdem bieten sie Schutz und Nestmöglichkeiten für viele Vögel und kleinere Säugetiere. Viele Organismen in den Waldweiden werden durch die guten Lichtverhältnisse dieses Lebensraumes gefördert (Schwabe & Kratochwil, 1987).
- Auf Waldweiden in England beinhaltet die besonders vielfältige Epiphytenflora mehr als 70 Flechtenarten sowie viele Moose und Pilze. Die alten, bewachsenen Bäume sind auch Lebensraum für eine grosse Anzahl von Insekten, wie z.B. rund 100 totholzbewohnende Käferarten (Harding & Rose, 1986).
- Beinlich (1995) fand in 4 Waldweide-Untersuchungsflächen in der Schwäbischen Alb 12 Tagfalterarten sowie 11 Heuschrecken- und 6 Landschneckenarten.

Die Bedeutung der Waldweiden für die Ökologie und biologische Vielfalt im allgemeinen

- Waldweiden beinhalten oft seltene Standorte wie Moore, Feucht- und Trockenwiesen und bilden insgesamt einen sehr vielfältigen und schützenswerten Gesamtlebensraum (Salamin, 1994).
- Durch die Trennung von Wald und Weide geht die Lebensraumvielfalt der traditionellen Waldweidegebiete zurück (Salamin, 1994).
- Die Intensivierung der landwirtschaftlichen Nutzung im Weideteil (Einsatz von Dünger, Überbestockung mit Vieh) führt im allgemeinen zu einer Verarmung von Flora und Fauna. Bei zu geringer Beweidung verbuschen die Flächen jedoch und verlieren dadurch ebenfalls ihre Eigenart (Salamin, 1994).
- Aufgrund seiner hohen biologischen Vielfalt zählt Peterken (1977) den Lebensraumtyp Waldweide zu den fünf wertvollsten Waldtypen Englands.
- Waldweiden sind heute europaweit selten geworden (Harding & Rose, 1986).

Die Bedeutung der Waldweiden für die Landwirtschaft und Besucher

- Die Bäume der Waldweiden schützen das weidende Vieh vor klimatischen Einflüssen wie Wind und starke Sonneneinstrahlung (Salamin, 1994).
- Waldweiden wurden traditionell vielfältig genutzt für Holz, Gras und Laub als Viehfutter, Eicheln für die Schweinemast und auf der Alpensüdseite mit Kastanien aus den Selven

(Steiger, 1995). Heute dienen die Waldweiden zur Produktion von Holz und Viehfutter (Salamin, 1994).

- Waldweiden sind von grossem ästhetischem und landschaftsschützerischem Wert (Salamin, 1994).

Empfehlungen

- Landschaftliche Schönheit und Eigenart, kulturhistorische Bedeutung und Lebensraumvielfalt der traditionell und nachhaltig genutzten Waldweiden machen diese in höchstem Grade schutzwürdig. Die noch vorhandenen Waldweiden sollten durch geeignete Massnahmen in Zusammenarbeit mit Forstwirtschaft, Landwirtschaft und Naturschutz geschützt und gepflegt werden. Wo möglich und sinnvoll sollten auch neue Flächen auf diese traditionelle Art bewirtschaftet werden.
- Für die Bewirtschaftung der Waldweiden gilt dasselbe wie für die Extensivweiden (Typ 2): Zu intensive Beweidung führt zu einer Verarmung von Flora und Fauna und zu Bodenverdichtungen durch Viehtritt, zu extensive Beweidung begünstigt jedoch vor allem im Waldbereich die Verbrachung und Sukzession zum geschlossenen Wald. Auch für Waldweiden sind Dauerbeweidung und Koppelbeweidung problematisch.
- Auch in Waldweiden sind Erhaltung und Neuanlage von Strukturelementen mit hohem biologischem Wert zu fördern (z.B. Büsche und Buschgruppen, Zäune, gut besonnte Fels- und Schuttpartien, Trockenmauern, Stein- und Asthaufen, Erdanrisse etc.).

Literaturverzeichnis

Beinlich, B. (1995) Veränderungen der Wirbellosen-Zönosen auf Kalkmagerrasen im Verlaufe der Sukzession. In: Schutz und Entwicklung der Kalkmagerrasen der Schwäbischen Alb. Beinlich, B. & Plachter, H. (Hrsg.). *Beihefte zu den Veröffentlichungen für Naturschutz und Landschaftspflege in Baden-Württemberg, 83,* 283-310.

Briemle, G., Fink, C. & Hutter, C.P. (1993) *Wiese, Weide und anderes Grünland.* Weitbrecht Verlag, Stuttgart, Wien.

Drescher, W. (1989) Wald im Belchengebiet. In: Der Belchen im Schwarzwald. Die Natur- und Landschaftsschutzgebiete Baden-Württembergs. *Landesanstalt für Umweltschutz Baden-Württemberg, 13,* 481-536.

Ellenberg, H. (1996) *Vegetation Mitteleuropas mit den Alpen.* 5. Auflage. Ulmer Verlag, Stuttgart.

Gallandat, J.-D., Gillet, F., Havlicek, E. & Perrenoud, A. (1995) *Patubois, typologie et systématique phyto-écologiques des pâturages boisés du Jura suisse.* Université de Neuchâtel, Institute de Botanique, Laboratoire d'Écologie végétale et de Phytosociologie.

Geiser, R. (1992) Auch ohne *Homo sapiens* wäre Mitteleuropa von Natur aus eine halboffene Weidelandschaft. In: *Wald oder Weideland. Zur Naturgeschichte Mitteleuropas.* Vogel, M. & Köstler, E. (Seminarleitung), pp. 22-34. Bayerische Akademie für Naturschutz und Landschaftspflege, Laufen a.d. Salzach.

Glutz, U.N. (1962) *Die Brutvögel der Schweiz.* Verlag Aargauer Tagblatt, Aarau.

Harding, P.T. & Rose, F. (1986) *Pasture-woodlands in Lowland Britain.* Institute of Terrestrial Ecology, Natural Environment Research Council, Huntington.

Peterken, G.F. (1977) Habitat conservation priorities in British and European woodlands. *Biological Conservation, 11,* 223-236.

Salamin, V. (1994) Wytweiden im Jura, Kenntnisse verbessern. *Wald und Holz, 10,* 28-29.

Schwabe, A. & Kratochwil, A. (1987) Weidbuchen im Schwarzwald und ihre Entstehung durch Verbiss des Wälderviehs. *Beihefte zu den Veröffentlichungen für Naturschutz und Landschaftspflege in Baden-Württemberg, 49,* 1-120.

Steiger, P. (1995) *Wälder der Schweiz.* 2. Auflage. Ott Verlag, Thun.

Typ 4: Wenig intensiv genutzte Wiesen

Andreas Erhardt, Pius Korner

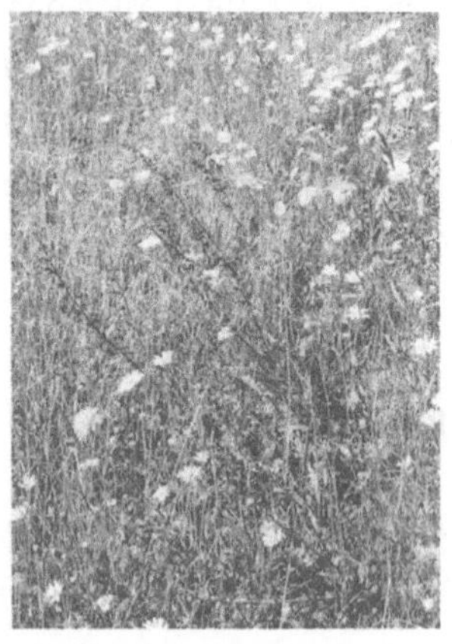

Wenig intensiv genutzte Wiesen werden meist zweimal jährlich geschnitten und mässig mit Mist oder Gülle gedüngt. Wie die Magerwiesen ist auch dieser Wiesentyp durch traditionelle Bewirtschaftung entstanden. Da ursprünglich eher ein Mangel an Naturdünger (Mist und Gülle) bestand, wurden vor allem die besten Böden in Tallagen gedüngt. Wenig intensiv genutzte Wiesen sind im Vergleich zu Magerwiesen üppiger und werfen mehr Ertrag ab. Obschon ihre Artenvielfalt etwas geringer ist, zeichnen sie sich immer noch durch ihren Blumenreichtum aus. Die wichtigsten Typen dieser Wiesen sind (1) nährstoffreiche Feucht- und Nasswiesen (*Calthion*), (2) Glatthafer- oder Fromentalwiesen (*Arrhenatherion*) in Tallagen und (3) Goldhaferwiesen (*Polygono-Trisetion*) in Gebirgslagen ab etwa 800 m ü.M.. Entsprechend dem Feuchtegrad, den Bodenverhältnissen und der Nutzungsintensität werden noch viele Untertypen unterschieden (Ellenberg, 1996). Dieser früher weit verbreitete Wiesentyp ist in den letzten Jahrzehnten durch die Intensivierung der Landwirtschaft und die damit verbundene Zunahme von ertragsoptimierten Kunstwiesen selten geworden *(siehe Farbtafel 4; Seite VIII)*.

Die Bedeutung der wenig intensiv genutzten Wiesen als Lebensraum für Pflanzen und Tiere

- Wenig intensiv genutzte Feuchtwiesen weisen 40 - 60 Pflanzenarten auf (Amstutz et al., 1990), während in Glatthafer- und Goldhaferwiesen 30 bis über 40 Blütenpflanzen vorkommen (Marschall, 1947; AGFF, 1994).
- Salbei-Glatthaferwiesen können bis zu dreimal mehr Pflanzenarten aufweisen als intensiv bewirtschaftete Wiesen (Arkenau & Wucherpfennig, 1985; Briemle et al., 1991). Zudem findet man in Salbei-Glatthaferwiesen bis 3000 Pflanzenindividuen pro Quadratmeter, während es in Intensivwiesen oft unter 200 Individuen sind (Briemle et al., 1993).
- Starke Düngung, insbesondere mit Stickstoff, führt in Wiesen zu einer rapiden Abnahme der Pflanzenvielfalt (Duffey et al., 1974).

- Durch die Intensivierung der Wiesen sind verschiedene Pflanzenarten in dicht besiedelten Gebieten selten geworden, z.B. die Waldnelke (*Silene dioica*), Kuckuckslichtnelke (*Lychnis flos-cuculi*) und Wiesensalbei (*Salvia pratensis*). Noch vor wenigen Jahrzehnten waren diese Arten allgegenwärtig (Zoller et al., 1983).
- In schwach gedüngten und maximal zweimal jährlich gemähten Nasswiesen in Nordwestdeutschland fand Boness (1953) 1900 Tierarten, wovon 80% biotopspezifisch waren.
- Auf einer unterschiedlich gepflegten trockenen Glatthaferwiese wurden auf einer Fläche von knapp einer Hektare 560 Tierarten nachgewiesen (Briemle et al., 1993).
- Blumenreiche, wenig intensiv genutzte Wiesen sind Lebensraum für eine Vielzahl von Insekten. Die Salbei-Glatthaferwiesen von mageren und mässig trockenen Standorten gehören zu den artenreichsten Grünlandbiotopen (Höll & Breunig, 1995).
- In einer Kohldistelwiese (feuchte Glatthaferwiese) in Baden-Württemberg wurden 46 Wildbienenarten (*Apoidea*) nachgewiesen. Viele davon waren Pflanzenstengel-Nister und profitierten von höheren und dickstengeligen Pflanzenarten (Kratochwil, 1989). Ausserdem wurden 24 - 28 Schwebfliegen-, 16 - 20 Tagfalter- sowie 5 - 7 Heuschreckenarten gefunden.
- Die Intensivierung von Grünland führt zu einer Reduktion der Wirbellosenfauna (Curry, 1994). Es wird geschätzt, dass mit jeder aus einer Wiese verschwundenen Pflanzenart 10 Tierarten verschwinden, die auf diese Pflanzenart angewiesen sind (Briemle et al., 1991). Je flächendeckender die intensive Bewirtschaftung erfolgt, desto mehr Schmetterlingsarten sind bedroht. In der Schweiz sind im Tiefland 69% der Schmetterlingsarten stark bedroht, in den Voralpen 28% und oberhalb der Waldgrenze 3% (Erhardt, 1995).
- Gesamteuropäisch beherbergen die natürlichen und traditionell bewirtschafteten Grünlandtypen zusammen rund 50% der Schmetterlingsarten (Erhardt & Thomas, 1991).
- Eine Nutzungsaufgabe in der subalpinen Stufe führt bei Schmetterlingen in den ersten 5 bis 10 Jahren zu einer Zunahme der Artenzahl, danach kommt es aber zu einer drastischen Abnahme der Wiesenschmetterlinge (Erhardt, 1995).
- Verschiedene Vogelarten profitieren vom reichhaltigen Nahrungsangebot und den Dekkungsmöglichkeiten wenig intensiv bewirtschafteter Wiesen: Weissstorch (*Ciconia ciconia*), Grosser Brachvogel (*Numenius arquata*), Wachtelkönig (*Crex crex*), Rebhuhn (*Perdrix perdrix*), Kiebitz (*Vanellus vanellus*), Braunkehlchen (*Saxicola rubetra*) und viele andere (Briemle et al., 1993). Die Bestandesentwicklung des Rebhuhns widerspiegelt den verheerenden Einfluss des Landschaftswandels der vergangenen Jahrzehnte: 1960 schätzte man den Bestand in der Schweiz auf 15'000 - 19'000 Paare, 30 Jahre später sind es noch rund 20 Paare (Müller, 1992).

Die Bedeutung der wenig intensiv genutzten Wiesen für die Ökologie und biologische Vielfalt im allgemeinen

- Ohne Mahd akkumuliert die Streu in den Wiesen, was zu einer Artenverschiebung führt. Am wertvollsten ist ein Mosaik aus unterschiedlich genutzten Wiesen (Briemle et al., 1991).
- Wenig intensiv genutzte Landwirtschaftsflächen bilden zusammen mit Hecken und Feldgehölzen das eigentliche Artenreservoir der bäuerlichen Kulturlandschaft und damit den Kern eines Biotopverbundsystems (Amstutz et al., 1990).
- In Deutschland sind Glatthafer- wie Goldhaferwiesen in unserem Jahrhundert um rund 90% zurückgegangen. Besonders selten wurden grossflächige Bestände (Briemle et al., 1993).
- Es wird angenommen, dass bis zur Jahrtausendwende schätzungsweise 29% der Wiesen und Weiden in den Zentralalpen und 41% in den Südalpen nicht mehr bewirtschaftet werden und deshalb verganden (Surber et al., 1973).
- Goldhaferwiesen waren früher im Bergland die Regel. "Die hohe wirtschaftliche Bedeutung der Goldhaferwiese geht schon aus ihrer grossen Verbreitung und Häufigkeit hervor. Dieser Wiesentyp umfasst im grossen und ganzen alle gut gedüngten Matten der oberen montanen und der subalpinen Stufe von ganz Mitteleuropa" (Marschall, 1947, p. 163).
- Praktisch alle verbliebenen Grünlandbiotope mit sehr hohem Naturschutzwert in Europa sind traditionell genutzte Wiesen und Weiden (Bignal & McCracken, 1996).

Die Bedeutung der wenig intensiv genutzten Wiesen für die Landwirtschaft und Besucher

- Wenig intensive Feucht- und Wässermatten ergeben einen jährlichen Ertrag von 50 - 70 dt Trockenmaterial (TM) pro Hektare (Briemle et al., 1993), während gelegentlich gedüngte Glatthaferwiesen zwischen 50 und 90 dt TM/ha und Goldhaferwiesen 50 - 70 dt TM/ha ergeben (Briemle et al., 1993).
- Der Insektenreichtum von blumenreichen Wiesen trägt zur Bestäubung von nahegelegenen Obstkulturen bei (Staatsinstitut für Schulpädagogik, 1987; Briemle et al., 1991).
- In frisch-feuchten Glatthaferwiesen wurde ein Biomassenanteil von unterirdischen Pflanzenteilen von ca. 75% gefunden. Dies zeigt die Bedeutung solcher Wiesen für die Bodenverbesserung und den Bodenschutz (Briemle et al., 1991).
- Wenig gedüngte Wiesen haben einen positiven Einfluss auf die Grundwasserqualität und

den Erosionsschutz (Briemle et al., 1993).

- Weniger intensive Bewirtschaftung verursacht weniger Probleme mit Pestiziden in der Umwelt, mit Eutrophierung von Gewässern und mit Bodenverdichtung (Duffey et al., 1974).
- Blumenreiche Fettwiesen sind sehr farbenfrohe Grünlandgesellschaften, die stark zum Erholungswert einer Landschaft beitragen (Briemle et al., 1991; Höll & Breunig, 1995). Die trockene Ausprägung der zu den Halbtrockenrasen überleitenden Glatthaferwiese mit Wiesensalbei (*Salvia pratensis*) zählt wegen ihres Blütenreichtums zu den schönsten Wiesentypen Europas und hat speziell in Tourismusgebieten eine sehr grosse Bedeutung (Beinlich & Klein, 1995). Im Gebirge sind Trollblumenwiesen ausgesprochen attraktiv.

Empfehlungen

- Die blumenreichen, wenig intensiv genutzten Wiesen sind Lebensraum für sehr viele Organismen und tragen wesentlich zur Schönheit einer Landschaft bei. Sie sind aus naturschützerischer und touristischer Sicht sehr wertvoll. Auch die günstigen Auswirkungen auf den Boden sind ein wichtiges Argument für ihre Erhaltung und Förderung.
- Bestehende wenig intensiv genutzte Wiesen sollten zweimal jährlich gemäht werden. Ein häufigerer Schnitt, wie er aus Rentabilitätsgründen oft angestrebt wird, führt nicht nur zu einer stärkeren Bodenverdichtung, sondern auch zu einer Selektion zugunsten der Futtergräser und damit zu einer Reduktion der Blumen. Dadurch verlieren die Wiesen ihre attraktive Buntheit.
- Durch Reduktion oder zeitweise Aufgabe der Düngung lassen sich intensiv genutzte Wiesen möglicherweise in wenig intensiv genutzten Wiesen zurückführen. Dieser Prozess dürfte allerdings einige Jahre, wenn nicht Jahrzehnte, beanspruchen. Eine Umwandlung von angesäten Kunstwiesen in wenig intensiv genutzte Wiesen ist vermutlich schwierig und erfordert lange Zeiträume. Hier sollte die Aussaat einer standortgemässen Saatmischung von wenig intensiv genutzten Wiesen in Betracht gezogen werden. Beim Kauf des Saatgutes sollten die Empfehlungen der Schweizerischen Kommission für die Erhaltung der Wildpflanzen berücksichtigt werden (SKEW, 1994). Das verwendete Saatgut sollte nur Arten enthalten, welche typisch für die Region sind und von Pflanzen aus der jeweiligen Region stammen. Standortfremdes Saatgut führt zu einer Florenverfälschung.
- Wenig intensiv genutzte Wiesen sollten wie Magerwiesen (Typ 1) gestaffelt gemäht werden, um Insekten und Spinnen zu ermöglichen, von den gemähten Flächen auf noch nicht

oder schon vor längerer Zeit gemähte Flächen auszuweichen, und um ein möglichst kontinuierliches Nektarangebot für Insekten zu gewährleisten.

- Für viele Tierarten sind weitere Strukturelemente (Büsche und Buschgruppen, Zäune, gut besonnte Steinhaufen, Trockenmauern, Fels- und Schuttpartien, Asthaufen, Erdanrisse und Stellen mit nicht jährlich gemähter magerer Wiesenvegetation) in wenig intensiv genutzten Wiesen oder ihrer näheren Umgebung wichtig. Diese Strukturelemente sind besonders zu fördern.

Literaturverzeichnis

AGFF (Arbeitsgemeinschaft zur Förderung des Futterbaus) (1994) Unsere Wiesen kennen. *Landfreund, 8*, 1-8.

Amstutz, M., Hufschmid, N. & Dick, M. (1990) *Natur aus Bauernhand - Ein Leitfaden zur ökologischen Landschaftsgestaltung.* Forschungsinstitut für biologischen Landbau, Oberwil.

Arkenau, T. & Wucherpfennig, G. (1985) *Grünlandgesellschaften als Indikator der Nutzungsintensität.* Gesamthochschule Kassel, Kassel.

Beinlich, B. & Klein, W. (1995) Kalkmagerrasen und mageres Grünland: bedrohte Biotoptypen der Schwäbischen Alb. In: Schutz und Entwicklung der Kalkmagerrasen der Schwäbischen Alb. Beinlich, B. & Plachter, H. (Hrsg.). *Beihefte zu den Veröffentlichungen für Naurschutz und Landschaftspflege in Baden-Württemberg, 83,* 109-128.

Bignal, E.M. & McCracken, D.I. (1996) Low-intensity farming systems in the conservation of the countryside. *Journal of Applied Ecology, 33,* 413-424.

Boness, M. (1953) Die Fauna der Wiesen unter besonderer Berücksichtigung der Mahd. *Zeitschrift der Morphologie und Ökologie der Tiere, 42,* 225-277.

Briemle, G., Eichhoff, D. & Wolf, R. (1991) Mindestpflege und Mindestnutzung unterschiedlicher Grünlandtypen aus landschaftsökologischer und landeskultureller Sicht. *Beihefte zu den Veröffentlichungen für Naturschutz und Landschaftspflege in Baden-Württemberg, 60,* 69-95.

Briemle, G., Fink, C. & Hutter, C.P. (1993) *Wiese, Weide und anderes Grünland.* Weitbrecht Verlag, Stuttgart, Wien.

Curry, J.P. (1994) *Grassland Invertebrates.* Chapmann & Hall, London.

Duffey, E., Morris, M.G., Sheail, J., Ward, L.K., Wells, D.A. & Wells, T.C.E. (1974) *Grassland Ecology and Wildlife Management.* Cox & Wyman, London.

Ellenberg, H. (1996) *Vegetation Mitteleuropas mit den Alpen.* 5. Auflage. Ulmer Verlag, Stuttgart.

Erhardt, A. (1995) Ecology and conservation of alpine Lepidoptera. In: *Ecology and Conservation of Butterflies.* Pullin, A.S. (ed.), pp. 258-276. Chapman & Hall, London.

Erhardt, A. & Thomas, J.A. (1991) Lepidoptera as indicators of change in the semi-natural grasslands of lowland and upland Europe. In: *The Conservation of Insects and their Habitats.* Collins, N.M. & Thomas, J.A. (eds), pp. 213-236. 15th Symposium of the Royal Entomological Society of London, Academic Press, London.

Höll, N. & Breunig, T. (Hrsg.) (1995) Biotopkartierung Baden-Württemberg. *Beihefte zu den Veröffentlichungen für Naturschutz und Landschaftspflege in Baden-Württemberg, 81,* 239-245.

Kratochwil, A. (1989) Biozönotische Umschichtungen im Grünland durch Düngung. *Norddeutsche Naturschutzakademie Berichte, 2,* 46-58.

Marschall, F. (1947) *Die Goldhaferwiesen der Schweiz.* Beiträge zur geobotanischen Landesaufnahme der Schweiz, Heft 26.

Müller, W. (1992) *Natur in Wiese und Acker.* Schweizerischer Vogelschutz, Zürich.

SKEW (Hrsg.) (1994) *Empfehlungen zur Gewinnung und Verwendung von standortgerechtem Saat- und Pflanzgut für die Begrünung von ökologischen Ausgleichsflächen und für die Neubepflanzung von Strassen- und Bahnböschungen sowie Planierungsflächen.* Schweizerische Kommission für die Erhaltung von Wildpflanzen, Nyon.

Staatsinstitut für Schulpädagogik und Bildungsforschung München (1987) *Handreichung zum Thema Naturschutz und Landschaftspflege für den Unterricht an beruflichen Schulen in der Agrarwissenschaft.* Im Auftrage des Bayerischen Staatsministeriums für Unterricht und Kultus, München.

Surber, E., Amiet, R. & Kobert, H. (1973) Das Brachlandproblem in der Schweiz. *Bericht der Eidgenössischen Anstalt für das forstliche Versuchswesen Birmensdorf, 112,* 1-138.

Zoller, H., Strübin, S. & Amiet, T. (1983) Zur aktuellen Verbreitung einiger Arten der Glatthaferwiesen. *Botanica Helvetica, 93,* 221-238.

Typ 5: Streueflächen

Bruno Baur, Pius Korner

Streuwiesen sind anthropogene Pflanzengesellschaften, welche durch Rodung von Bruch- und Auenwäldern und anschliessende jährliche (oder zweijährliche) Mahd im Herbst entstanden sind. Es handelt sich um ungedüngte, nährstoffarme Grünlandgesellschaften, bei denen folgende Typen unterschieden werden: (1) Pfeifengras-Streuwiesen (*Molinion*, der Streuwiesen-Prototyp), (2) Kleinseggenriede (*Caricion davallianae*, basische Flachmoore), (3) Grosseggenriede (*Magnocaricion*) und (4) Borstgrasrasen (*Nardion*). Streuwiesen gehören zu den artenreichsten, aber auch zu den gefährdetsten Lebensraumtypen in Mitteleuropa. Es gibt eine Reihe von Sumpfpflanzen wie die Sibirische Schwertlilie (*Iris sibirica*), die Sumpfgladiole (*Gladiolus palustris*) und den Duftlauch (*Allium suaveolens*), die ausschliesslich in Streuwiesen vorkommen. Auch zahlreiche Tierarten (verschiedene Libellen, Heuschrecken und Schnecken) haben sich an die besonderen Bedingungen der Streuwiesen angepasst. Diese aus der Sicht der Biodiversität sehr wertvollen Lebensräume können nur durch spezielle Pflege erhalten werden. Ohne jährliche (oder zweijährliche) Mahd verbuschen die Flächen. Wird das Schnittgut nicht abtransportiert, führt dies zu einer Eutrophierung des Bodens und die Vegetation verfilzt. Durch diese Prozesse werden typische Streuwiesenpflanzen verdrängt. Auch Entwässerung oder Nutzungsintensivierung zerstören den Habitattyp *(siehe Farbtafel 5, Seite IX)*.

Die Bedeutung der Streueflächen als Lebensraum für Pflanzen und Tiere

- Pfeifengras-Streuwiesen gehören zu den artenreichsten Grünlandgesellschaften Mitteleuropas; sie sind von grosser Bedeutung für den Artenschutz (Höll & Breunig, 1995). Winterhoff (1993) fand im Eriskircher Ried am Bodensee fast 130 Pflanzen- und etwa 20 Moosarten in Pfeifengraswiesen. Unter Einbezug anderer Streuwiesentypen stieg die Vielfalt auf über 200 Pflanzenarten und 65 Pilzarten; 37 der Pflanzenarten sind in der Roten Liste Baden-Württembergs aufgeführt.

- Streuwiesen beherbergen zahlreiche in Mittel- und Westeuropa gefährdete Pflanzen- und Tierarten, z.B. die Sibirische Schwertlilie (*Iris sibirica*), Lungenenzian (*Gentiana pneumonanthe*), Sumpfgladiole (*Gladiolus palustris*), Sumpfschrecke (*Mecostethus grossus*) und Blauauge (*Minois dryas*, Schmetterling) (Blab, 1993; Hegg et al., 1993).
- In der Schweiz kommen 17 Tagfalterarten häufig in oder am Rande von Streuwiesen vor; drei davon sind gefährdet, fünf stark gefährdet und zwei vom Aussterben bedroht. Drei dieser Streuwiesenfalter (die Moorbläulinge, *Maculinea* sp.) haben eine sehr interessante Entwicklung. Ihre Raupen leben parasitisch in Nestern bestimmter Ameisenarten (*Myrmica* sp.) (Lepidopterologen-Arbeitsgruppe, 1987).
- In Kleinseggenrieden wurden 40 Tagfalter- und Widderchenarten sowie 250 - 300 Nachtfalterarten gefunden (Bayerisches Staatsinstitut, 1983).
- In Feuchtwiesen in Deutschland wurden 14 Heuschreckenarten gefunden, wovon die Hälfte gefährdet ist (Heusinger, 1986). In Streuwiesen bei Feldkirch wurden insgesamt 16 Heuschrecken- und Laubschreckenarten nachgewiesen, von denen neun in der Roten Liste der benachbarten Schweiz aufgeführt sind (Gächter, 1996). Heuschrecken erleiden in keinem anderen Lebensraum einen derart starken Rückgang wie in Feuchtwiesen.
- In der Schweiz lebt eine grosse Zahl stark gefährdeter Schneckenarten in Streuwiesen und verwandten Feuchtlebensräumen (Turner et al., 1994). In Deutschland leben in Sümpfen, Mooren und Streuwiesen 32 Schneckenarten, wovon 84% gefährdet sind (Beutler & Seidl, 1986).
- Grasfrosch und Erdkröte benutzen im Sommer Streuwiesen als Lebensraum (Beutler, 1986).
- Zahlreiche Vögel, die von Streuwiesen profitieren, haben stark abgenommen: Weissstorch (*Ciconia ciconia*), Uferschnepfe (*Limosa limosa*), Bekassine (*Gallinago gallinago*), Braunkehlchen (*Saxicola rubetra*) (Scholl, 1986). Die Braunkehlchen sind in Oberschwaben aus den intensiv bewirtschafteten Flächen verschwunden, während in Streuwiesen immer noch Populationen beobachtet werden können (Epple, 1988).
- Intensivierung wie Nutzungsaufgabe von Streuwiesen bewirken starke Abnahmen der Artenzahl und Häufigkeit von Schmetterlingen (Blab, 1993).
- Nach drei Jahren von Düngung und häufiger Mahd waren 39 von 45 der ursprünglich vorhandenen Streuwiesen-Pflanzenarten durch 20 Fettwiesenarten verdrängt (Klötzli, 1969).
- Nach Aufgabe der Streuwiesennutzung im Wollmatinger Ried (Bodensee) verschwand der Kiebitz (*Vanellus vanellus*) und der Grosser Brachvogel (*Numenius arquata*). Die charakteristische Pflanzengesellschaft mit Mehlprimel (*Primula farinosa*), Schwertlilie, Lungenenzian und Sumpfgladiole wurde zurückgedrängt. Mit der Einführung einer Pflegemahd

traten die typischen Streuwiesenpflanzen wieder häufiger auf und Brutversuche des Kiebitz wurden wieder beobachtet (Ertel, 1974).

- Die Pfeifengras-Streuwiesen bieten vom Frühjahr bis in den Herbst einen grossen Blütenreichtum und somit ein Dauernahrungsangebot für Blütenbesucher wie Schmetterlinge, Käfer und Schwebfliegen (Bayerisches Staatsinstitut, 1983).

Die Bedeutung der Streuwiesen für die Ökologie und biologische Vielfalt im allgemeinen

- Streuwiesen gehören zu den am meisten gefährdeten Habitattypen der Schweiz und Mitteleuropas (Kaule, 1986; Hegg et al., 1993).
- Viele der Streuwiesenarten sind ausgesprochene Standortspezialisten und haben kaum Ausweichsmöglichkeiten auf andere Lebensräume (Bayerisches Staatsinstitut, 1983; Broggi et al., 1996).
- Streuwiesen sind ein wertvoller Teil des Habitatkomplexes von Verlandungs- und Feuchtgebieten mit Nasswiesen, Flachmooren, Röhricht, Hochstauden und Feuchtgehölzen (Höll & Breunig, 1995; Broggi et al., 1996).
- Kleine Streuwiesenflächen dienen dem Faunen- und Florenaustausch zwischen grösseren Restflächen (Trittsteinfunktion; Wildermuth, 1985).
- Einige alpine Pflanzenarten haben in Feuchtgebieten wie Streuwiesen sogenannte Vorposten. Diese isolierten Flächen enthalten oft einzigartige Unterarten, z.B. von der Aurikel (*Primula auricula*) (Staatsinstitut für Schulpädagogik, 1987). Solche Randpopulationen tragen wesentlich zur innerartlichen genetischen Vielfalt und damit zum Anpassungspotential der Art bei (Lesica & Allendorf, 1995).
- Streuwiesen haben eine sehr hohe Pufferwirkung und können Seen vor der Einschwemmung von Nährstoffen und Schwebeteilchen schützen (Staatsinstitut für Schulpädagogik, 1987; Hegg et al., 1993).
- Grosseggenriede sind massgeblich an der Selbstreinigung der Seen beteiligt (Briemle et al., 1991).
- Flachmoore und Streuwiesen wirken ausgleichend auf den Wasserhaushalt und sind an der Hochwasserrückhaltung und der Grundwasserbildung beteiligt (Bayerisches Staatsinstitut, 1983; Staatsinstitut für Schulpädagogik, 1987; Höll und Breunig, 1995).

Die Bedeutung der Streuwiesen für die Landwirtschaft und Besucher

- Je nach Standort beträgt die Streuernte 10 - 95 dt Trockenmaterial/ha. Gehäckselte Streu in der Gülle reduziert Geruchsbelästigungen und Stickstoffverluste (Briemle et al., 1991). Trotzdem ist die Nachfrage nach Streu gering und die Nutzung von Streuwiesen wird als unrentabel betrachtet.
- Die Verwendung von Streu als organischem Dünger und Mulchmaterial wird untersucht (Briemle et al., 1991).
- Streumaterial findet in der Zellstoff-, Baustoff- und Verpackungsindustrie Verwendung sowie als Energieträger zum Heizen oder zur Biogas-Produktion (Briemle et al., 1991).
- Streuwiesen gehen auf eine traditionelle Bewirtschaftungsform zurück und haben eine kulturhistorische Bedeutung (Broggi et al., 1996).
- Die vom Frühling bis Herbst andauernde Farbenpracht der Streuwiesen verleiht diesem Habitattyp einen sehr hohen Erholungswert (Briemle et al., 1991).

Empfehlungen

- Streuwiesen gehören zu den artenreichsten wie zu den gefährdetsten Grünlandgesellschaften. Alle verbliebenen Streuwiesen sollten deshalb unbedingt erhalten werden, was angepasste Pflegemassnahmen voraussetzt.
- Streuwiesen sind auf einen ausreichend hohen Grundwasserstand angewiesen. Massnahmen, die den Grundwasserspiegel absenken, sind zu vermeiden, ebenso die Entwässerung von Streuwiesen.
- Eine zeitlich gestaffelte Mahd ist für die Pflege der Streueflächen von grosser Wichtigkeit. Dies ermöglicht Insekten und Spinnen sowie Amphibien und Reptilien ein Ausweichen von frisch gemähten Flächen auf noch nicht oder schon vor längerer Zeit gemähte Teilflächen.
- Viele Wiesenbewohner - namentlich Insekten und Spinnen - sind auch im Winter auf eine Halm- und Krautschicht angewiesen. Zahlreiche Arthropoden brauchen hohle Pflanzenstengel zur Überwinterung ihrer Eier, Larven oder Puppen. Mit einer gestaffelten Rotationsnutzung ergibt sich ein Mosaik von brachliegenden Flächen verschiedenen Alters. Broggi (1996) schlägt einen Turnus von höchstens drei Jahren vor mit einem Schnitt auf jeweils nicht mehr als einem Drittel der Fläche.
- Das Schnittgut muss weggeführt werden um zu verhindern, dass der Nährstoffgehalt in den

Streuwiesen zunimmt, die Vegetation verfilzt und typische Streuwiesenpflanzen verdrängt werden (Hegg et al., 1993).

- Für viele Tierarten sind weitere an Streuwiesen angrenzende naturnahe Lebensräume und Strukturelemente (z.B. Schilfröhricht, Hochstaudenflur, Büsche, Ast- und Steinhaufen) von grosser Bedeutung. Diese angrenzenden Strukturen sollten erhalten und gefördert werden.
- Die meisten Riedwiesentypen sind relativ trittempfindlich und sollten deshalb nicht mehr als 70 g/cm^2 Belastung erhalten. Das Gewicht der üblichen Traktoren überschreitet diesen Grenzwert beträchtlich (Broggi, 1996).
- Streuwiesen, die hangabwärts von intensiv bewirtschafteten Landwirtschaftsflächen liegen, müssen mit ausreichenden Pufferzonen geschützt werden, da sie bereits bei geringem Düngereintrag ihre typischen Pflanzen- und Tierarten verlieren.
- Verbuschte Streuwiesenflächen sollten von den Büschen befreit werden. Kürzlich aufgeforstete Streuwiesen sollten nach Möglichkeit entholzt und regeneriert werden.

Literaturverzeichnis

Bayerisches Staatsinstitut für Landesentwicklung und Umweltfragen (Hrsg.) (1983) *Feuchtgebiete*. Bayerisches Staatsinstitut für Landesentwicklung und Umweltfragen, München.

Beutler, A. (1986) Amphibien. In: *Arten- und Biotopschutz* (Hrsg. G. Kaule), pp. 213-216. Ulmer Verlag, Stuttgart.

Beutler, A. & Seidl, F. (1986) Schnecken und Muschel. In: *Arten- und Biotopschutz* (Hrsg. G. Kaule), pp. 243-247. Ulmer Verlag, Stuttgart.

Blab, J. (1993) *Grundlagen des Biotopschutzes für Tiere*. 4. Auflage. Kilda, Bonn.

Briemle, G., Eickhoff, D. & Wolf, R. (1991) Mindestpflege und Mindestnutzung unterschiedlicher Grünlandtypen aus landschaftsökologischer und landeskultureller Sicht. *Beihefte zu den Veröffentlichungen für Naturschutz und Landschaftspflege in Baden-Württemberg, 60,* 139-142.

Broggi, M.F. (1996) Gesamtwürdigung der herrschenden Naturwerte in den Naturschutzgebieten Bangser Ried und Matschels und Naturschutzforderungen für die Zukunft. *Vorarlberger Naturschau, 2,* 287-296.

Broggi, M.F., et al. (Hrsg.) (1996) Naturmonographie Bangser Ried und Matschels (Feldkirch). *Vorarlberger Naturschau, 2,* 1-304.

Epple, W. (1988) Das Braunkehlchen - Jahresvogel 1987 - im Brennpukt der Extensivierungsdebatte in der Landwirtschaft. In: Artenschutzsymposium Braunkehlchen. Landesanstalt für Umweltschutz Baden Württemberg, Karlsruhe. *Beihefte zu den Veröffentlichungen für Naturschutz und Landschaftspflege in Baden-Württemberg, 51,* 15-31.

Ertel, R. (1974) *Wollmatinger Ried.* Landesstelle für Naturschutz und Landschaftspflege Baden-Württemberg, Ludwigsburg.

Gächter, E. (1996) Untersuchungen zur Heuschreckenfauna (Saltatoria) der Streuwiesen von Bangs-Matschels und von "Trockenstandorten" am Illspitz (Vorarlberg). *Vorarlberger Naturschau, 2,* 265-280.

Hegg, O., Béguin, C. & Zoller, H. (Hrsg.) (1993) *Atlas schutzwürdiger Vegetationstypen der Schweiz.* Bundesamt für Umwelt, Wald und Landschaft (BUWAL), Bern.

Heusinger, G. (1986) Geradflügler: Heuschrecken. In: *Arten- und Biotopschutz* (Hrsg. G. Kaule), pp. 236-239. Ulmer Verlag, Stuttgart.

Höll, N. & Breunig, T. (Hrsg.) (1995) *Biotopkartierung Baden-Württemberg.* Landesanstalt für Umweltschutz Baden-Württemberg, Karlsruhe.

Kaule, G. (1986) *Arten- und Biotopschutz.* Ulmer Verlag, Stuttgart.

Klötzli, F. (1969) *Die Grundwasserbeziehung der Streu- und Moorwiesen im nördlichen schweizerischen Mittelland.* Beiträge geobotanische Landesaufnahme der Schweiz, Heft 52. Verlag Hans Huber, Bern.

Lepidopterologen-Arbeitsgruppe (1987) *Tagfalter und ihre Lebensräume.* Schweizerischer Bund für Naturschutz, Basel.

Lesica, P. & Allendorf, F.W. (1995) When are peripheral populations valuable for conservation? *Conservation Biology, 9,* 753-760.

Scholl, G. (1986) Vögel. In: *Arten- und Biotopschutz* (Hrsg. G. Kaule), pp. 207-213. Ulmer Verlag, Stuttgart.

Staatsinstitut für Schulpädagogik und Bildungsforschung München (Hrsg.) (1987) *Handreichung zum Thema Naturschutz und Landschaftspflege für den Unterricht an beruflichen Schulen in der Agrarwissenschaft.* Im Auftrage des Bayerischen Staatsministeriums für Unterricht und Kultus, München.

Turner, H., Wüthrich, M. & Rüetschi, J. (1994) Rote Liste der gefährdeten Weichtiere der Schweiz. In: *Rote Listen der gefährdeten Tierarten in der Schweiz* (Hrsg. P. Duelli et al.), pp. 75-79. Bundesamt für Umwelt, Wald und Landschaft (BUWAL), Bern.

Wildermuth, H. (1985) *Natur als Aufgabe.* Schweizerischer Bund für Naturschutz, Basel.

Winterhoff, W. (1993) Die Pflanzenwelt des Naturschutzgebietes Eriskircher Ried am Bodensee. *Beihefte zu den Veröffentlichungen für Naturschutz und Landschaftspflege in Baden-Württemberg, 69,* 51-84.

Ökologische Ausgleichsflächen in der Fruchtfolge

Typ 6: Ackerschonstreifen

Yvonne Reisner, Lukas Pfiffner, Bernhard Freyer

Ackerschonstreifen sind mindestens 3 m breite, ungedüngte und nicht mit Herbiziden behandelte Randstreifen, die meist in Getreidefeldern angelegt werden. Sie zeichnen sich durch einen stärkeren Wildkrautbesatz und eine reichere Tierwelt aus und haben eine nützlingsfördernde Wirkung. Auf eher nährstoffarmen Standorten können sich die selten gewordenen Segetalgesellschaften ausbilden. Zeitlich sind die Ackerschonstreifen auf eine Vegetationsperiode begrenzt und schliessen mit der Ernte bzw. Bodenbearbeitung ab. Ackerschonstreifen können zur Erhöhung der Biodiversität in Landwirtschaftsflächen beitragen. Bei Ansaaten, welche bisher in der Schweiz noch unüblich sind, sollte das Saatgut aus der gleichen pflanzengeographischen Region stammen. Ackerschonstreifen bereichern das Landschaftsbild und erhöhen den Erholungswert der Landschaft *(siehe Farbtafel 6; Seite IX)*.

Die Bedeutung der Ackerschonstreifen als Lebensraum für Pflanzen und Tiere

- Sowohl die Artenzahl wie auch die Artendiversität von Laufkäfern (*Carabidae*) sind in Ackerschonstreifen mit einer reichen Ackerbegleitflora erhöht (Desender, 1982; Welling et al., 1988; Raskin et al., 1992). Zudem ist die Häufigkeitsverteilung der Arten ausgeglichener und seltene Arten (z.B. *Harpalus atratus, H. azureus, H. rubripes, Microlestes maurus, M. minutulus* und *Panageus bipustulatus*) sind besser vertreten (Raskin et al., 1992). Diese positive Wirkung wird verstärkt, wenn die Ackerschonstreifen an Feldraine, Hecken oder extensiv bewirtschaftete Wiesen angrenzen (Welling et al., 1988).
- Laufkäferpopulationen werden durch Herbizid- und Pestizideinsätze geschädigt (Asteraki, 1994). In biologisch bewirtschafteten Ackerparzellen wurden deutlich höhere Aktivitäts-

dichten und Artenzahlen für Laufkäfer festgestellt (Pfiffner & Niggli, 1996).

- Die Monotonisierung und Melioration grosser Teile der Kulturlandschaft beeinträchtigte viele Vogelarten, beispielweise Rebhuhn (*Perdix perdix*), Heidelerche (*Lullula arborea*), Steinschmätzer (*Oenanthe oenanthe*), Grauammer (*Miliaria calandra*), Wachtel (*Coturnix coturnix*) und Wachtelkönig (*Crex crex*) (Kaule, 1991). Das Anlegen von Ackerschonstreifen im Ackerrandbereich wertet den Lebensraum für viele Vögel auf, indem z.B. die Insekten als Nahrungsgrundlage gefördert werden (Launay, 1975).
- Ackerschonstreifen sind für den Schutz und die Förderung der Segetalflora wichtig (Schumacher, 1981; Nentwig, 1994; Van Elsen, 1994; Grub et al., 1996). Die Artenzahl der Samenpflanzen in den Ackerschonstreifen ist gegenüber einem konventionell bearbeiteten Ackerrand um das zwei- bis dreifache erhöht (Schumacher, 1980; Vieting, 1988; Raskin et al., 1992). In den Untersuchungen von Schumacher (1980) und Raskin et al. (1992) traten in den Ackerschonstreifen auch gefährdete Wildkrautarten auf wie z.B. der Blaue Gauchheil (*Anagallis foemina*), der Einjährige Ziest (*Stachys annua*) und der Venus-Frauenspiegel (*Legousia speculum-veneris*). Der Fördereffekt ist allerdings stark von den Bodeneigenschaften abhängig. So sind Ackerschonstreifen auf flachgründigen, kalk- und skelettreichen Äckern häufig sehr artenreich und bieten Lebensraum für bedrohte oder seltene Arten (Steinrücken & Harrach, 1988).
- Für die Entstehung individuenreicher Populationen in den Ackerschonstreifen ist eine mehrjährige Samenvermehrung zur Bildung einer Samenbank im Boden notwendig. Ein einmaliger Herbizideinsatz bewirkt bereits die vollständige Zerstörung der Segetalgesellschaft (Raskin et al., 1992).
- Auf biologisch bewirtschafteten Äckern kann sich ein breites Artenspektrum standorttypischer Ackerbegleitpflanzen sowohl am Feldrand wie auch in der Feldmitte entwickeln. Doppelte bis dreifache Artenzahlen, deutlich höhere Bodenbedeckungsgrade und ein höherer Anteil an gefährdeten Ackerwildkräutern wurden auf biologisch bewirtschafteten Feldern nachgewiesen (Ammer et al., 1988; Van Elsen, 1989, 1990; Wolff-Straub, 1989; Plakholm, 1990; Frieben & Köpke, 1994).

Die Bedeutung der Ackerschonstreifen für die Ökologie und die biologische Vielfalt im allgemeinen

- Ackerschonstreifen tragen zu einer höheren Pflanzen- und Strukturdiversität in der Kulturlandschaft bei.

- Ackerschonstreifen mildern den häufig abrupten Übergang zwischen landwirtschaftlicher Nutzfläche und naturnahen Lebensräumen und vermindern gleichzeitig die Stoffeinträge aus Landwirtschaftsflächen in angrenzende, naturnahe Lebensräume.
- Mit Ackerschonstreifen können isolierte naturnahe Biotope verbunden werden (Jedicke, 1994).

Die Bedeutung der Ackerschonstreifen für die Landwirtschaft und Besucher

- Ackerschonstreifen bieten vielen Nützlingen Nahrung und Lebensraum (Molthan & Ruppert, 1988; Thiess et al., 1996). Mit dem erhöhten Blütenangebot der Ackerschonstreifen wird die Dichte der Schwebfliegen *(Syrphidae)* erhöht (Kühner, 1988). Manche Schwebfliegenarten, beispielsweise die häufig vorkommenden *Sphaerophoria scripta*, *Metasyrphus corollae* und *Episyrphus balteatus*, produzieren mehrere Generationen pro Jahr und gehören deshalb zusammen mit den Marienkäfern (*Coccinellidae*) und den Schlupfwespen (*Ichneumonidae*) zu den wichtigsten Prädatoren der Blattläuse (Weiss & Stettmer, 1991).
- Florfliegen (*Chrysopidae)* und Spinnen (*Araneae)* als wichtige Blattlausvertilger können sich in Ackerschonstreifen entwickeln (Zeiner, 1988; Weiss & Stettmer, 1991). Auch Schlupfwespen (*Ichneumonidae*) und Wanzen (*Heteroptera*) werden durch Ackerschonstreifen gefördert (Storck-Weyhermüller, 1988).
- Larven und Imagines vieler Weichkäferarten *(Cantharidae),* welche durch Ackerschonstreifen gefördert werden, ernähren sich von kleinen Insekten, darunter auch Blatt- und Schildläusen (Weiss & Stettmer, 1991).
- Ackerschonstreifen bereichern das Landschaftsbild und gewährleisten die Erhaltung der ursprünglichen Farben- und Formenvielfalt der Getreidefelder. Sie erhöhen, besonders vor der Erntezeit, den Erholungswert der Landschaft.

Empfehlungen

- Auf überwiegend sandigen sowie kalkreichen, flachgründigen Standorten mit geringer Düngung und mit langjährigen Fruchtfolgen ist das Entwicklungspotential von Wildkrautgesellschaften am grössten (Grub & Contat, 1994). Auf Standorten, welche diese Bedingungen erfüllen, sollten daher Ackerschonstreifen besonders gefördert werden.

- Ackerschonstreifen sollten nicht im Vorgewende der Ackerschläge angelegt werden.
- Die Kulturansaat sollte mit weiten Reihenabständen erfolgen, was die Lichtdurchlässigkeit und somit auch die Wachstumsbedingungen der Segetalflora verbessert (Koch & Hurle, 1978).
- Bei der Auswahl von Ackerwildkräutern sollten die Empfehlungen der Schweizerischen Kommission für die Erhaltung der Wildpflanzen berücksichtigt werden (SKEW, 1994). Das verwendete Saatgut sollte nur Arten enthalten, welche typisch für die Region sind. Standortfremdes Saatgut führt zu einer Florenverfälschung auf Jahre hinaus. Eine "natürliche" Artenvielfalt kann nicht entstehen.
- Die Qualität der Ackerschonstreifen als Lebensraum für Flora und Fauna nimmt zu, wenn die Bewirtschaftungsintensität auf den angrenzenden Agrarflächen abnimmt.

Literaturverzeichnis

Ammer, U., Utschick, H. & Anton, H. (1988) Die Auswirkungen von biologischem und konventionellem Landbau auf Flora und Fauna. *Forstwissenschaftliches Centralblatt, 107*, 274-291.

Asteraki, E. (1994) The carabid fauna of sown conservation margins around arable fields. In: *Carabid Beetles: Ecology and Evolution* (ed. K. Desender), pp. 229-233. Kluwer Academic Publishers, Dordrecht.

Desender, K. (1982) Ecological and faunal studies on Coleoptera in agricultural land. 2. - Hibernation of Carabidae in agro-ecosystems. *Pedobiologia, 23*, 295-303.

Frieben, B. & Köpke, U. (1994) Bedeutung des organischen Landbaues für den Arten- und Biotopschutz in der Agrarlandschaft. In: Integrative Extensivierungs- und Naturschutzstrategien. *Forschungsberichte der Universität Bonn, 15*, 77-88.

Grub, A. & Contat, F. (1994) Ackerwildkräuter aus dem Samenvorrat fördern. *Agrarforschung, 1*, 179-182.

Grub, A., Perritaz, J. & Contat, F. (1996) Förderung der Segetalflora auf ertragreichem Boden am Beispiel von Ackerschonstreifen. *Angewandte Botanik, 70*, 101-112.

Jedicke, E. (1994) *Biotopverbund. Grundlagen und Massnahmen einer neuen Naturschutzstrategie.* Ulmer Verlag, Stuttgart.

Kaule, G. (1991) *Arten- und Biotopschutz.* 2. Auflage. Ulmer Verlag, Stuttgart.

Koch, W. & Hurle, H. (1978) *Grundlagen der Unkrautbekämpfung.* UTB 513, Ulmer Verlag, Stuttgart.

Kühner, C. (1988) Untersuchungen in Hessen über Auswirkung und Bedeutung von Ackerschonstreifen. 2. Populationsentwicklung der Getreideblattläuse und ihrer spezifischen Gegenspieler. *Mitteilungen der biologischen Bundesanstalt für Land- und Forstwirtschaft Berlin, 247*, 43-53.

Launay, M. (1975) Disponibilité en insectes dans les cultures et dans les aménagements. Ses rapports avec le régime alimentaire du poussin de perdix grise. *Bulletin de l'office national de la chasse, 4*, 170-192.

Molthan, J. & Ruppert, V. (1988) Zur Bedeutung blühender Wildkräuter in Feldrainen und Äckern für blütenbesuchende Nutzinsekten. *Mitteilungen der biologischen Bundesanstalt für Land- und Forstwirtschaft Berlin, 247*, 85-99.

Nentwig, W. (1994) Wechselwirkungen zwischen Ackerwildpflanzen und der Entomofauna. *Berichte der Landwirtschaft, (NF) 209 (7)*, 123-135.

Pfiffner, L. & Niggli, U. (1996) Effects of bio-dynamic, organic and conventional farming on ground beetles (Col. Carabidae) and other epigaeic arthropods in winter wheat. *Biological Agriculture and Horticulture, 12*, 353-364.

Plakholm, G. (1990) Unkrauterhebungen in biologisch und konventionell bewirtschafteten Getreideäckern Oberösterreichs. *Veröffentlichungen der Bundesanstalt für Agrarbiologie Linz/Donau, 20*, 41-54.

Raskin, R., Glück, E. & Pflug, W. (1992) Floren- und Faunenentwicklung auf herbizidfrei gehaltenen Agrarflächen. Auswirkungen des Ackerrandstreifenprogramms. *Natur und Landschaft, 67*, 7-14.

Schumacher, W. (1980) Schutz und Erhaltung gefährdeter Ackerwildkräuter durch Integration von landwirtschaftlicher Nutzung und Naturschutz. *Natur und Landschaft, 55*, 447 453.

Schumacher, W. (1981) Flächensicherung für den Wildpflanzenschutz. *Jahresbericht Naturschutz und Landschaftspflege, 31*, 117-128.

SKEW (Hrsg.) (1994) *Empfehlungen zur Gewinnung und Verwendung von standortgerechtem Saat- und Pflanzgut für die Begrünung von ökologischen Ausgleichsflächen und für die Neubepflanzung von Strassen- und Bahnböschungen sowie Planierungsflächen.* Schweizerische Kommission für die Erhaltung von Wildpflanzen, Nyon.

Steinrücken, U. & Harrach, T. (1988) Der Einfluss von Bodeneigenschaften auf die Artenvielfalt von Ackerunkrautgemeinschaften. *Mitteilungen der biologischen Bundesanstalt für Land- und Forstwirtschaft Berlin, 247*, 101-109.

Storck-Weyhermüller, S. (1988) Untersuchungen in Hessen über Auswirkungen und Bedeutung von Ackerschonstreifen. 4. Arthropoden-Erfassung mit Hilfe von Saugfallen-Fängen.

Mitteilungen der biologischen Bundesanstalt für Land- und Forstwirtschaft Berlin, 247, 65-75.

Thiess, C., Denys, C., Tscharntke, T. & Ulber, B. (1996) Welche Ackerrandstreifen fördern die Parasitierung von Rapsschädlingen? *Mitteilungen der biologischen Bundesanstalt für Land- und Forstwirtschaft Berlin, 321,* 146.

Van Elsen, T. (1989) Ackerwildkraut-Bestände biologisch-dynamisch und konventionell bewirtschafteter Hackfruchtäcker in der Niederrheinischen Bucht. *Lebendige Erde, 4,* 277-282.

Van Elsen, T. (1990) Ackerwildkräuter im Randbereich und im Bestandesinnern unterschiedlich bewirtschafteter Halm- und Hackfruchtäcker. *Veröffentlichung der Bundesanstalt für Agrarbiologie, 20,* 21-39.

Van Elsen, T. (1994) *Die Fluktuation von Ackerwildkraut-Gesellschaften und ihre Beeinflussung durch Fruchtfolge und Bodenbearbeitungs-Zeitpunkt.* Ökologie und Umweltsicherung 9. Witzenhausen.

Vieting, U.K. (1988) Untersuchungen in Hessen über Auswirkungen und Bedeutung von Ackerschonstreifen. Teil 1: Konzeption des Projektes und der botanische Aspekt. *Mitteilungen der biologischen Bundesanstalt für Land- und Forstwirtschaft Berlin, 247,* 7-14.

Weiss, E. & Stettmer, Ch. (1991) *Unkräuter in der Agrarlandschaft locken blütenbesuchende Nutzinsekten an.* Agrarökologie, Band 1. Haupt Verlag, Bern.

Welling, M., Pötzl, R.A. & Jürgens, D. (1988) Untersuchungen in Hessen über Auswirkungen und Bedeutung von Ackerschonstreifen. Teil 3: Epigäische Raubarthropoden. *Mitteilungen der biologischen Bundesanstalt für Land- und Forstwirtschaft Berlin, 247,* 55-63.

Wolff-Straub, R. (1989) Vergleich der Ackerwildkraut-Vegetation alternativ und konventionell bewirtschafteter Äcker. In: Alternativer und konventioneller Landbau. *Schriftenreihe des Landesamtes für Oekologie, Landschaft und Forstwirtschaft Nordrhein-Westfalen, 11,* 70-112.

Zeiner, C. (1988) *Untersuchungen zur Bedeutung von polyphagen Prädatoren als Blattlausräuber auf konventionell und ökologisch bewirtschafteten Winterweizenschlägen.* Dissertation, Universität Kiel.

Typ 7: Buntbrachen

Yvonne Reisner, Lukas Pfiffner, Bernhard Freyer

Buntbrachen sind mehrjährige Streifen oder Flächen im Acker-, Gemüse- oder Obstbau, auf welchen nach Nutzungsaufgabe eine spontane Pflanzengesellschaft entstanden ist oder eine Mischung aus einheimischen Wildkräutern angesät wurde. Die Saatmischung enthält vor allem Wegrand-Pionierpflanzen, seltene Ackerblumen und Wiesenpflanzen. Das Ziel der Buntbrachen ist die Erhöhung der Biodiversität, die Nützlingsförderung, Raumgliederung und der Verbund von Lebensräumen. Buntbrachen bereichern auch das Landschaftsbild *(siehe Farbtafel 7; Seite x).*

Die Bedeutung der Buntbrachen als Lebensraum für Pflanzen und Tiere

- Buntbrachestreifen sind für den Artenschutz und für die Erhaltung der bedrohten Segetalflora bedeutsam. Ob sich seltene und gefährdete Pflanzenarten wie z.B. die Kornrade (*Agrostemma githago*), Kornblume (*Centaurea cyanus*) oder Gewöhnliche Wegwarte (*Cichorium intybus*) längerfristig in den Buntbrachestreifen etablieren können, ist jedoch ungeklärt. Als typische Ackerunkräuter können sie eigentlich nur in ihrem Lebensraum, dem extensiv bewirtschafteten Acker, erhalten werden.
- Durch das Anlegen von Buntbrachestreifen im Ackerrandbereich wird der Lebensraum für viele bedrohte Tiere wie Hasen und Feldlerchen aufgewertet. Chiverton (1994) konnte deutlich grössere Gelege und höhere Überlebensraten der Jungvögel von Rebhühnern und Fasanen feststellen.
- Durch die Anlage von Buntbrachestreifen werden verschiedene Insektengruppen gefördert, die in der Landwirtschaft als Nützlinge bezeichnet werden (z.B. Marienkäfer *(Coccinellidae),* Schlupfwespen *(Ichneumonidae),* Brackwespen *(Braconidae),* Erzwespen *(Chalcidoidea),* Schwebfliegen (*Syrphidae*) und Florfliegen (*Chrysopidae*)). Buntbrachestreifen erhöhen auch den Artenreichtum und die Aktivitätsdichte der Insekten in den angrenzenden Feldern (Frank & Nentwig, 1995).

- Buntbrachen sind wichtige Überwinterungsquartiere für Laufkäfer (Bürki & Hausammann, 1993; Lys et al., 1993; Pfiffner & Luka, 1997).
- Laufkäfer bilden in ungestörten Feldrandbereichen besonders arten- und individuenreiche Gesellschaften (Desender, 1982).
- In einem von mehreren Buntbrachestreifen durchzogenen Untersuchungsfeld (strip-managed area) wurden in den Buntbrachestreifen durchschnittlich doppelt so viele Laufkäferarten wie in den dazwischenliegenden Getreideflächen festgestellt (Lys, 1994).
- Für Spinnen haben Grenzen und Säume, welche durch Buntbrachen bereitgestellt werden, eine grosse Bedeutung, da die mannigfaltigen Strukturen Gelegenheiten zum Netzbau bieten und damit die Besiedlungsmöglichkeiten erhöhen (Raatikainen & Huhta, 1974; Schäfer, 1980).

Die Bedeutung der Buntbrachen für die Ökologie und die biologische Vielfalt im allgemeinen

- Buntbrachen tragen zu einer höheren Pflanzen- und Strukturdiversität in der Kulturlandschaft bei. Sie werden sehr rasch von vielen Kleintierarten und Vögeln besiedelt resp. besucht.
- Buntbrachen können für viele Tierarten die Funktion von Trittsteinbiotopen zwischen isolierten, naturnahen Lebensräumen einnehmen.
- Buntbrachen tragen zur Verminderung einer allfälligen Gewässerverschmutzung bei, da keine Düngung und kein Einsatz von Pflanzenbehandlungsmitteln erfolgt.
- Durch den ganzjährigen Bewuchs schützen die Buntbrachen den Boden vor Erosion.

Die Bedeutung der Buntbrachen für die Landwirtschaft und Besucher

- Buntbrachestreifen im Acker- und Obstbau besitzen eine nützlingsfördernde Wirkung (Klinger, 1987; Heidger & Nentwig, 1989; Nentwig, 1992), indem sie für diese Arten Lebensraum und Nahrung anbieten (Molthan & Ruppert, 1988; Heitzmann et al., 1992, Wyss, 1994). Schwebfliegen, Marienkäfern und parasitisch lebende Schlupfwespen, die alle zu den wichtigen Prädatoren der Blattläuse gehören, werden gefördert, ebenso Florfliegen und diverse Wanzen (*Heteroptera)* (Weiss & Stettmer, 1991). Spinnen reduzieren die geflügelten Blattläuse besonders im Frühsommer, wenn die Populationen im Aufbau begriffen sind.

- Buntbrachestreifen in Obstanlagen können durch das erhöhte Angebot an Blütennahrung und an alternativen Beutetieren zu einer signifikanten Erhöhung von Blattlausjägern führen (Wyss, 1994). Wie Wyss (1995) in mehrjährigen Untersuchungen gezeigt hat, tragen die Nützlinge auch zur Reduktion der Mehligen Apfelblattlaus bei. Im Herbst sind vor allem die durch die Buntbrache geförderten blattlausfressenden Spinnen (*Araniella* spp.) wichtig (Wyss et al., 1995).
- Aufgrund ihres mehrjährigen Bestehens dienen Buntbrachen den Nützlingen auch als Winterquartier. Die Vegetationsdecke bietet den Arthropoden Eiablageplätze und Versteckmöglichkeiten. Auch sind die Temperaturschwankungen innerhalb der Pflanzenschicht und der obersten Bodenschicht in einer Buntbrache deutlich kleiner als im angrenzenden Ackerland, was zu einer Reduktion der Wintersterblichkeit bei Tieren führt, die sich nicht tief in den Boden eingraben können (z.B. Spinnen; Lys & Nentwig, 1994). Im Boden unter den Buntbrachestreifen überwintern 2.5 mal mehr Nützlinge als im benachbarten Feld (Bürki & Hausammann, 1993).
- Durch das Überwintern von Nützlingen in den Buntbrachestreifen kann die Wiederbesiedlung der angrenzenden Ackerfläche im Frühling viel schneller erfolgen, wodurch die Effizienz der Schädlingsreduktion erhöht wird (Lys et al., 1993; Lys & Nentwig, 1994).
- Direkt an Ackerflächen angrenzende Ausgleichsflächen wie die Buntbrachestreifen dienen während der Feldbearbeitung als Rückzugshabitat für viele Kleintiere (Lys et al., 1993; Lys & Nentwig, 1994).
- Einige Laufkäferarten, v.a. aus der Gattung *Amara*, sind vorwiegend pflanzenfressend, wobei Unkrautsamen Bestandteil ihrer Nahrung sind. Kokta (1988) konnte einen positiven Zusammenhang zwischen Unkrautdeckung, Randstrukturen und Aktivitätsdichte von *Amara*-Arten nachweisen. Eine hohe Käferdichte könnte daher eine deutliche Reduktion des Samenvorrats von Unkräutern im Boden bewirken.
- Durch eine geeignete, für Nützlingsgruppen attraktive Ansaat kann das Nützlingspotential der Buntbrachestreifen erhöht und damit das Schädlingspotential der angrenzenden Landwirtschaftsflächen reduziert werden (Nentwig, 1992).
- Buntbrachen bereichern das Landschaftsbild und erhöhen den Erholungswert der Landschaft (Heitzmann-Hofmann, 1995).

Nachteile der Buntbrachen für die Landwirtschaft

- Buntbrachen können verstärkt durch Mäuse und Schadschnecken besiedelt werden (LBL,

1996; Pfiffner & Luka, 1997). Erhöhte Schneckenschäden wurden bei empfindlichen Kulturen wie Raps und Getreide im Randbereich von 1 - 3 m neben Buntbrachen und neben extensiven Wieslandstreifen festgestellt (Frank, 1996; Speiser & Niederhauser, 1997).

- Eine direkte Förderung von Mäusen in den mit Buntbrachen ausgestatteten Obstanlagen konnte bisher nicht festgestellt werden (Wyss, 1994). Hingegen wurde eine erhöhte Dichte von Mäusen in den Buntbrachestreifen der Ackerflächen festgestellt. Eine dauernde Überwachung der Streifen ist empfehlenswert.

Empfehlungen

- Besonders in ausgeräumten und ackerbaulich intensiv genutzten Landschaften ist die Etablierung von Buntbrachestreifen für Flora und Fauna von hohem Nutzen. Buntbrachen dienen als verbindende Elemente zwischen anderen ökologischen Ausgleichsflächen und werden am besten als Saumbiotope entlang von Äckern angelegt (Pfiffner & Luka, 1996).
- Spontanbrachen sind nach Möglichkeit den eingesäten Buntbrachen vorzuziehen, weil dadurch die ortsangepasste, einheimische Flora gefördert wird und keine Konkurrenz durch eingesäte Pflanzenarten entsteht (BUWAL, 1994).
- Bei der Auswahl des Saatgutes für Buntbrachen sollten die Empfehlungen der Schweizerischen Kommission für die Erhaltung der Wildpflanzen berücksichtigt werden (SKEW, 1994). Das verwendete Saatgut sollte nur Arten enthalten, welche typisch für die Region sind. Standortfremdes Saatgut führt zu einer Florenverfälschung.
- Die Streifen sollten eher breiter sein als die im Rahmen der Öko-Ausgleichsverordnung verlangten 3 m (Optimalfall: breiter als 5 m), da sie sonst durch Düngung und Maschineneinsatz in den angrenzenden Kulturen zu stark beeinflusst werden.
- Da die Migrationsleistung vieler Nützlinge begrenzt ist, beschränkt sich der nützlingsfördernde Einfluss der Ackerränder auf einen Streifen von ungefähr 20 m Breite (Nentwig, 1993). In grossen Feldern sollten deshalb nach dem Konzept des Streifenmanagements mehrere Buntbrachestreifen in die Feldfläche gelegt werden, um den Nützlingen eine Ausbreitung über die gesamte Feldfläche zu ermöglichen (Nentwig, 1993; Frank & Nentwig, 1995).
- Je nach Entwicklung der Aussaat wird eine regelmässige Mahd nach 2 - 3 Jahren empfohlen. Das Mähgut ist als Häcksel bzw. Stallstreu nutzbar oder kann kompostiert werden. Wichtig ist, dass die Mahd nicht flächendeckend, sondern gestaffelt erfolgt. Hierbei sollte

entweder bei zwei nebeneinanderliegenden Streifen nur einer pro Jahr gemäht werden oder innerhalb eines Streifens sollten gemähte mit nicht gemähten Bereichen abwechseln (Nentwig, 1993).

- Ab etwa dem dritten Jahr ohne Mahd kommen Gehölze auf, die die Artenvielfalt reduzieren. Ein Schnitt und Bodenbearbeitung werden auch empfohlen, um das Überhandnehmen der Gräser zu verhindern. Diese Massnahmen fördern auch das Keimen der einjährigen Ackerwildkräuter.

Literaturverzeichnis

Bürki, H.M. & Hausammann, A. (1993) *Überwinterung von Arthropoden im Boden und an Ackerkräutern künstlich angelegter Ackerkrautstreifen.* Agrarökologie, Band 7. Haupt Verlag, Bern.

BUWAL (Hrsg.) (1994) *Ökologischer Ausgleich in der Kulturlandschaft. Fallbeispiele aus verschiedenen Regionen der Schweiz.* Bundesamt für Umwelt, Wald und Landschaft, Bern.

Chiverton, P.A. (1994) Large-scale field trials with conservation headlands in Sweden. In: *Field Margin: Integrating Agriculture and Conservation* (ed. N. Boatman), pp. 185-190. BCPC Monograph 58. British Crop Protection Council, Farnham.

Desender, K. (1982) Ecological and faunal studies on Coleoptera in agricultural land. 2. Hibernation of Carabidae in agro-ecosystems. *Pedobiologia, 23,* 295-303.

Frank, T. (1996) Sown wildflower strips in arable land in relation to slug density and slug damage in rape and wheat. *British Crop Protection Council Monographs, 66,* 289-296.

Frank, T. & Nentwig, W. (1995) Ground dwelling spiders (Araneae) in sown weed strips and adjacent fields. *Acta Oecologia, 16,* 2.

Heidger, C. & Nentwig, W. (1989) Augmentation of beneficial arthropods by strip-management. Part 3. Artificial introduction of a spider species which preys on wheat pest insects. *Entomophaga, 34,* 511-522.

Heitzmann, A., Lys, J.-A. & Nentwig, W. (1992) Nützlingsförderung am Rand - oder: Vom Sinn des Unkrautes. *Landwirtschaft Schweiz, 5,* 25-36.

Heitzmann-Hofmann, A. (1995) *Angesäte Ackerkrautstreifen - Veränderungen des Pflanzenbestandes während der natürlichen Sukzession.* Agrarökologie, Band 13. Haupt Verlag, Bern.

Klinger, K. (1987) Auswirkungen eingesäter Randstreifen an einem Winterweizen-Feld auf die Raubarthropodenfauna und den Getreideblattlausbefall. *Journal of Applied Entomo-*

logy, 104, 47-58.

Kokta, C. (1988) Beziehungen zwischen der Verunkrautung und phytophagen Laufkäfern der Gattung *Amara. Mitteilungen der biologischen Bundesanstalt für Land- und Forstwirtschaft Berlin, 247,* 139-145.

LBL (Hrsg.) (1996) *Mit Buntbrachen die Artenvielfalt fördern.* Merkblatt, Landwirtschaftliche Beratungszentrale, Lindau.

Lys, J.-A. (1994) The positive influence of strip-management on ground beetles in a cereal field: increase, migration and overwintering. In: *Carabid Beetles: Ecology and Evolution* (ed. K. Desender), pp. 451-455. Kluwer Academic Publishers, Dordrecht.

Lys, J.-A. & Nentwig, W. (1994) Improvement of the overwintering sites for Carabidae, Staphylinidae and Araneae by strip-management in a cereal field. *Pedobiologia,* 38, 238-242.

Lys, J.-A., Zimmermann, M. & Nentwig, W. (1993) Increase in activity density and species number of carabid beetles in cereals as a result of strip-management. *Entomologia Experimentalis et Applicata, 73,* 1-9.

Molthan, J. & Ruppert, V. (1988) Zur Bedeutung blühender Wildkräuter in Feldrainen und Äckern für blütenbesuchende Nutzinsekten. *Mitteilungen der biologischen Bundesanstalt für Land- und Forstwirtschaft Berlin, 247,* 85-99.

Nentwig, W. (1992) Die nützlingsfördernde Wirkung von Unkräutern in angesäten Unkrautstreifen. *Zeitschrift für Pflanzenkrankheiten und Pflanzenschutz, Sonderheft 13,* 33-40.

Nentwig, W. (1993) Schmale Ackerkrautstreifen ins Feld säen? *Pflanzenschutz-Praxis, 3,* 21-25.

Pfiffner, L. & Luka, H. (1996) Laufkäferförderung durch Ausgleichsflächen. Auswirkungen neu angelegter Grünstreifen und einer Hecke im Ackerland. *Naturschutz und Landschaftsplanung, 28,* 145-151.

Pfiffner, L. & Luka, H. (1997) Erfolgskontrolle: Was bringen ökologische Ausgleichsflächen? *Bioskop, 2,* 8-9.

Raatikainen, M. & Huhta, V. (1974) On the spider fauna of Finish oat fields. *Annales Zoologici Fennici, 5,* 254-261.

Schäfer, M. (1980) Gedanken zum Schutz der Spinnen. *Natur und Landschaft, 55,* 36-38.

SKEW (Hrsg.) (1994) *Empfehlungen zur Gewinnung und Verwendung von standortgerechtem Saat- und Pflanzgut für die Begrünung von ökologischen Ausgleichsflächen und für die Neubepflanzung von Strassen- und Bahnböschungen sowie Planierungsflächen.* Schweizerische Kommission für die Erhaltung von Wildpflanzen, Nyon.

Speiser, B. & Niederhauser, D. (1997) Fördern extensive Wieslandstreifen Schneckenschäden? *Agrarforschung, 4,* 179-180.

Weiss, E. & Stettmer, C. (1991) *Unkräuter in der Agrarlandschaft locken blütenbesuchende Nutzinsekten an.* Agrarökologie. Band 1. Haupt Verlag, Bern.

Wyss, E. (1994) *Biocontrol of apple aphids by weed strip-management in apple orchards.* Dissertation, Universität Bern.

Wyss, E. (1995) The effects of weed strips on aphids and aphidophagous predators in an apple orchard. *Entomologia Experimentalis et Applicata, 75,* 43-49.

Wyss, E., Niggli, U. & Nentwig, W. (1995) The impact of spiders on aphid populations in a strip-managed apple orchard. *Journal of Applied Entomology, 119,* 473-478.

Übrige Elemente für den ökologischen Ausgleich

Typ 8: Hochstamm-Feldobstbäume

Brigitte Heiz, Yvonne Reisner, Bernhard Freyer

Hochstamm-Feldobstbäume waren ursprünglich Nutzobstbäume mit einer Wiesenunternutzung als Futtergrundlage für Rauhfutterverzehrer. Bei schwacher Düngung mit Stallmist entstehen Fromental- oder Glatthaferwiesen (*Arrhenatheretum*). Hochstamm-Feldobstbäume und Streuobstwiesen dienen vielen Pflanzen und Tieren als Lebensraum, darunter auch gefährdeten und seltenen Arten. Die Intensivierung der Wiesennutzung gefährden diesen für Flora und Fauna bedeutenden Lebensraum. Hochstamm-Feldobstbäume bereichern das Landschaftsbild und erhöhen ihren Erhohlungswert *(siehe Farbtafel 8; Seite x).*

Die Bedeutung der Hochstamm-Feldobstbäume als Lebensraum für Pflanzen und Tiere

- Die Insekten und Spinnen sind die artenreichsten und am häufigsten vertretenen Tiergruppen, die mit Hochstamm-Feldobstbäumen assoziiert sind (Holstein & Drissner, 1993; Holstein & Funke, 1995; Weller et al., 1995). In einer vergleichenden Studie von Hochstamm- und Intensivobstanlagen überstieg die Anzahl der in den Obstwiesen gefundenen Spinnen, Hautflügler (*Hymenoptera*) und Bienen diejenigen der Intensivobstanlagen um jeweils das dreifache, fünffache und 16fache (Mader, 1982).
- In Hochstamm-Feldobstbäumen und Streuobstwiesen finden eine Vielzahl von Vögeln Nahrung (z.B. Insekten, Früchte), Nistmöglichkeiten (v.a. für Höhlenbrüter), Sitzwarten (v.a. für Greifvögel) und Schutz (Müller et al., 1988; Bitz, 1992). Die in der Schweiz stark gefährdeten Vogelarten Rotkopfwürger (*Lanius senator*), Wiedehopf (*Upupa epops*), Wendehals (*Jynx torquilla*) und Steinkauz (*Athene noctua*) gehören zu den Charakterarten von Streuobstwiesen.

- In einer Untersuchung im Kanton Thurgau aus den Jahren 1981-82 wurden in 16 Niederstammanlagen 11, in 13 Hochstammobstgärten dagegen 15 Brutvogelarten festgestellt (Zwygart, 1983; 1984).
- Mader (1982) konnte in einer vergleichenden, quantitativen Untersuchung eine 13fach höhere Ressourcennutzung durch Vögel in Streuobstwiesen feststellen als in Intensivobstanlagen.
- Hochstamm-Feldobstbäume und Streuobstwiesen bieten unter anderem auch Lebensraum für Kleinsäuger (z.B. Fledermäuse, Igel, Garten- und Siebenschläfer, Wiesel, Spitzmäuse; Zbinden et al., 1987; LBL, 1996).
- Auch verschiedene Pflanzen finden einen Lebensraum unter Hochstamm-Feldobstbäumen. Vor allem in Streuobstwiesen mit extensiver Unternutzung sind artenreiche Krautgesellschaften mit zum Teil lokal gefährdeten Magerkeitszeigern anzutreffen (Kaule, 1991). In den Baumreihen zweier Streuobstwiesen in Süddeutschland konnten auch konkurrenzschwächere Pflanzenarten nachgewiesen werden (Beier et al., 1993).
- Baumstämme bieten sich als Lebensräume (Substrat) für viele Flechten- und Moosarten an. Diese Flechten und Moose bilden wiederum den Lebensraum für eine grosse Zahl von Schmetterlingslarven, Milben, Bärtierchen u.a. (Lawrey, 1984; Seyd & Seaward, 1984).

Die Bedeutung der Hochstamm-Feldobstbäume für die Ökologie und die biologische Vielfalt im allgemeinen

- Hochstamm-Feldobstbäume bereichern die ökologische Nischenvielfalt und können eine Trittsteinfunktion zwischen einzelnen Biotopen einnehmen (Jedicke, 1994).
- Streuobstwiesen sind im Vergleich zu Intensivobstanlagen strukturreicher und meist extensiv genutzt. Sie weisen eine geringere mechanische Belastung durch Maschinen auf und der Einsatz von Pflanzenschutzmitteln und Düngern ist gering.
- Streuobstwiesen sind ökologisch besonders wertvoll, wenn sie über eine extensive Unternutzung, verschiedene Arten und Altersklassen der Obstbäume und über einen Alt- und Totholzbestand verfügen (Reich, 1988).
- Kennzeichnend für Streuobstwiesen sind der Arten- und Individuenreichtum vor allem der Fauna und die vielfältigen Beziehungen zwischen Baum- und Krautschicht, die z.B. von Vögeln als Jagd- und Brutbiotop genutzt werden (Reich, 1988).
- In einer vergleichenden Studie mit unterschiedlichen Ackerbrachen enthielt die Streuobstwiese den grössten Reichtum an Insektenarten (Greiler, 1994).

Die Bedeutung der Hochstamm-Feldobstbäume für die Landwirtschaft und Besucher

- Die ausgleichende Wirkung von Streuobstwiesen auf das Lokalklima und die Wirkung als Wind- und Erosionsschutz kommt in angrenzenden Kulturflächen zum Tragen.
- In der vielfältigen Fauna der Hochstamm-Feldobstbaumbestände sind viele Nützlinge für die Landwirtschaft vertreten, vor allem insektenfressende Vögel und Greifvögel, räuberische und parasitoide Insekten, Spinnen sowie fleischfressende Kleinsäuger. Blühende Hochstamm-Feldobstbäume dienen als Bienenweide und sind für viele andere blütenbesuchende Insekten attraktiv.
- In Streuobstwiesen finden sich wichtige Nützlinge in grosser Arten- und Individuenzahl, wie Käferarten, parasitoide Hautflügler, Zweiflügler (*Diptera*, vor allem Schwebfliegen, *Syrphidae*) und Spinnen (Holstein & Drissner, 1993).
- Die Vorteile von Hochstamm-Feldobstbäumen sind geringe Krankheitsanfälligkeit (v.a. bei alten, robusten Obstbaumsorten), lange Ertragsfähigkeit (z.T. über 50 Jahre) und die zusätzliche Möglichkeit der Unternutzung als Mähwiese oder Viehweide.
- Hochstamm-Feldobstbäume und Streuobstwiesen finden sich, wenn auch zunehmend seltener, in Ortsrandlage, womit sie eine strukturreiche, optische Grenze zwischen Siedlungsraum und Offenlandschaft bilden. Sie bereichern das Landschaftsbild und erhöhen den Erholungswert (Reich, 1988, Hintermann et al., 1995).

Nachteile der Hochstamm-Feldobstbäume für die Landwirtschaft

- Die obstbaulichen Erträge sind geringer als in Intensivobstanlagen.
- Die futterbauliche Nutzung ist durch die Bäume erschwert (Behinderung des Maschineneinsatzes).
- Durch Schattenwurf und Wurzelkonkurrenz reduzieren Bäume den futterbaulichen Ertrag.

Empfehlungen

- Hochstamm-Feldobstbäume und Streuobstwiesen bereichern die strukturelle und biologische Vielfalt und bilden ein wertvolles, aber gefährdetes Element in unserer Kulturlandschaft. Um ihren Schutz zu gewährleisten, müssen sie angemessen gepflegt und die Baumbestände regelmässig verjüngt werden. Die Unternutzung sollte extensiv erfolgen *(siehe Typ 4: wenig intensiv genutzte Wiesen).* Allgemeine Pflege- und Nutzungshinweise (Sortenwahl, Bestanddichte, Schnitt, Unternutzung) sind beispielsweise in Zbinden et al. (1987), Süllentrop (1994) und LBL (1996) zu finden.

- Streuobstwiesen können durch verschiedene Massnahmen (z.B. Anlegen von Hecken und Lesesteinhaufen, Erhaltung von Altbäumen und Totholz, Anbringen von Nisthilfen für höhlenbrütende Vögel) zusätzlich ökologisch aufgewertet werden.
- Um die Erhaltung und Förderung von Hochstamm-Feldobstbäumen und Streuobstwiesen zu gewährleisten, sollten geeignete Formen der Verarbeitung und Vermarktung ihrer Produkte entwickelt werden.

Literaturverzeichnis

Beier, B., Drissner, J., Hofbauer, R., Hostein, J., Riker, A. & Schweighofer, B. (1993) Streuobstwiesen im Landkreis Ravensburg. *Hohenheimer Umwelttagung, 25,* 139-145.

Bitz, A. (1992) Avifaunistische Untersuchungen zur Bedeutung von Streuobstwiesen in Rheinland-Pfalz. *Beiträge der Landespflege Rheinland-Pfalz, 15,* 593-719.

Greiler, H.-J. (1994) *Insektengesellschaften auf selbstbegrünten und eingesäten Ackerbrachen.* Agrarökologie, Band 11. Haupt Verlag, Bern.

Hintermann, U., Broggi, M.F., Locher, R. & Gallandat, J.-D. (1995) *Mehr Raum für die Natur.* Schweizerischer Bund für Naturschutz, Basel.

Holstein, J. & Drissner, J. (1993) Arthropoden im Ökosystem "Streuobstwiese". *Jahresbericht der Naturwissenschaftlichen Vereinigung Wuppertal, 46,* 55-72.

Holstein, J. & Funke, W. (1995) Käfer- und Spinnengesellschaften süddeutscher Streuobstwiesen. *Mitteilungen der Deutschen Gesellschaft für Allgemeine und Angewandte Entomologie, 10,* 309-312.

Jedicke, E. (1994) *Biotopverbund. Grundlagen und Massnahmen einer neuen Naturschutzstrategie.* Ulmer Verlag, Stuttgart.

Kaule, G. (1991) *Arten- und Biotopschutz.* 2. Auflage. Ulmer Verlag, Stuttgart.

Lawrey, J.P. (1984) *Biology of Lichenized Fungi.* Praeger, New York.

LBL (Hrsg.) (1996) *Hochstamm-Obstgarten - vielfältiger Lebensraum durch richtige Pflege.* Merkblatt der Landwirtschaftlichen Beratungszentrale, Lindau.

Mader, H.-J. (1982) Die Tierwelt der Obstwiesen und intensiv bewirtschafteten Obstplantagen im quantitativen Vergleich. *Natur und Landschaft, 57,* 371-377.

Müller, W., Hess, R. & Nievergelt, B. (1988) Die Obstgärten und ihre Vogelwelt im Kanton

Zürich. *Der Ornithologische Beobachter, 85,* 123-157.

Reich, M. (1988) Streuobstwiesen und ihre Bedeutung für den Artenschutz. *Schriftenreihe Bayerisches Landesamt für Umweltschutz, 84,* 89-99.

Seyd, E.D. & Seaward, M.R.D. (1984) The association of oribatid mites with lichens. *Biological Journal of the Linnean Society, 80,* 369-420.

Süllentrop, D. (1994) Das Obstwiesenprogramm des Kreises Unna. Eine Zusammenfassung der Arbeiten von 1984 bis 1993. *Erwerbsobstbau, 36,* 23-28.

Weller, F., Kohler, A., Böckler, R. & Funke, W. (1995) *Projekt: E+E-Vorhaben auf dem Gebiet des Naturschutzes. "Streuobstwiesen im Landkreis Ravensburg".* Abschlussbericht im Auftrag des Bundesamtes für Naturschutz, Bonn, Nürtingen-Hohenheim-Ulm.

Zbinden, N., Imhof, T. & Pfister, H.P. (1987) *Obstgärten. Ornithologische Merkblätter für die Raumplanung.* Schweizerische Vogelwarte, Sempach.

Zwygart, D. (1983) Die Vogelwelt von Nieder- und Hochstammobstkulturen des Kantons Thurgau. *Der Ornithologische Beobachter, 80,* 89-104.

Zwygart, D. (1984) Die Vogelwelt des Kantons Thurgau in Nieder- und Hochstammobstkulturen. *Schweizerische Zeitschrift für Obst-und Weinbau, 120,* 308-318.

Typ 9: Einheimische, standortgerechte Einzelbäume und Alleen

Bruno Baur, Karin Stingelin

Einzelstehende, einheimische Bäume und Alleen bilden den Lebensraum für unzählige Kleintiere, von denen einige als Nützlinge bekannt sind. Neben den wichtigen ökologischen Funktionen wie Sauerstoffbildung, Staubfilterung etc. erhöhen einzelstehende Bäume die strukturelle Komplexität der sonst nischenarmen Landwirtschaftsflächen und tragen damit wesentlich zur Erhöhung der biologischen Vielfalt bei. Auch das Landschaftsbild wird durch einzelstehende Bäume und Alleen bereichert *(siehe Farbtafel 9; Seite xi).*

Die Bedeutung der einheimischen, standortgerechten Einzelbäume und Alleen als Lebensraum für Pflanzen und Tiere

- Bäume bieten zahlreichen Insekten und anderen Tieren einen Lebensraum. Viele dieser Kleintiere sind Nützlinge. Kennedy & Southwood (1984) präsentieren eine ausführliche Liste von baumbewohnenden Arthropoden. So konnten auf einzelstehenden Eichen (*Quercus* sp.) bis zu 423 verschiedene Arthropodenarten nachgewiesen werden. Auf Buchen (*Fagus silvatica*) wurden insgesamt 98 Arten gefunden: 4 Spinnenartige, 34 Käfer-, 6 Diptera-, 4 Heteroptera-, 7 Homoptera-, 2 Hymenoptera-, und 41 Lepidoptera-Arten. Auf einzelstehenden Feldahornbäumen (*Acer campestre*) wurden insgesamt 51 Arten nachgewiesen: 5 Spinnenartige, 2 Käfer-, 5 Diptera-, 2 Heteroptera-, 10 Homoptera-, 2 Hymenoptera-, 1 Thysanoptera- und 24 Lepidoptera-Arten, während auf Linden (*Tilia* sp.) 57 Arten vorkamen.
- Bäume sind Nahrungslieferanten (Früchte, Nüsse, Blüten) für viele verschiedene Tierarten (Vögel, Kleinsäugetiere, Insekten u.a.; Steiger, 1995).
- Einzelbäume dienen Greifvögeln, die auf offener Flur jagen, als Warte (z.B. Mäusebussard; Steiger, 1995).
- Es gibt Kleintiere, die auf bestimmte Baumarten angewiesen sind, z.B. nahrungsspeziali-

sierte Heuschreckenarten (Claridge & Wilson, 1981).

- Baumstämme bieten sich als Lebensräume (Substrat) für viele Flechten- und Moosarten an. Diese Flechten und Moose bilden wiederum den Lebensraum für eine grosse Zahl von Schmetterlingslarven, Milben, Bärtierchen u.a. (Lawrey, 1984; Seyd & Seaward, 1984).
- Alte Bäume bieten Wohnräume u.a. für Wespen, Vögel, Fledermäuse (z.B. Braunes Langohr, *Plecotus auritus*) und Siebenschläfer (Gebhard, 1983; Bellmann, 1995).

Die Bedeutung der einheimischen, standortgerechten Einzelbäume und Alleen für die Ökologie und biologische Vielfalt im allgemeinen

- Jeder lebende Baum wandelt CO_2 in O_2 um, beeinflusst die Lokaltemperatur, gleicht die Luftfeuchtigkeit aus und filtriert (reinigt) die Luft.
- Die Individuen einer Baumlebensgemeinschaft sind alle mehr oder weniger durch Nahrungsketten miteinander verbunden und durch ihre Abhängigkeit von Bäumen charakterisiert (Taksdal, 1965; Janzen, 1968, 1973; Opler 1974).
- Bäume und Alleen wirken für viele Arten als Trittsteinbiotope zwischen isolierten, naturnahen Landschaftselementen wie Hecken und Feldgehölzen (z.B. für Vögel, Siebenschläfer, Schmetterlinge und verschiedene Insektenarten; Jedicke, 1994).
- Die strukturelle Komplexität von Bäumen schafft eine grosse Nischenvielfalt in ansonsten nischenarmen Landwirtschaftsflächen (Lawton, 1978). Diese Nischenvielfalt kann eine zusätzliche Kolonisierung durch Insekten ermöglichen, was zu einer Erhöhung der biologischen Vielfalt führt (Feeny, 1976).
- In Baumlebensgemeinschaften wird der Artenreichtum durch verschiedene Baumarten zusätzlich gefördert (Southwood, 1961; Lawton, 1978; Strong, 1979; Moran & Southwood, 1982).
- Einzelbäume und Alleen bereichern das Landschaftsbild.

Die Bedeutung der einheimischen, standortgerechten Einzelbäume und Alleen für die Landwirtschaft

- Einzelbäume und Alleen bieten Windschutz und beeinflussen das Mikroklima positiv. Im Sommer spenden sie Schatten für das Vieh und halten die Bodenfeuchtigkeit zurück.
- Zahlreiche Nützlinge brauchen Bäume als Lebensraum für ihre Fortpflanzung.

- Der Standort der Einzelbäume ist von grosser Bedeutung: Strassenbäume beherbergen im Vergleich zu strassenfernen Bäumen eine deutlich verarmte Insektengemeinschaft (Olthoff, 1986).
- Einzelbäume, die Greifvögeln als Warte dienen, können indirekt zur Reduktion der Mäusebestände auf den Feldern beitragen.

Nachteile der einheimischen, standortgerechten Einzelbäume und Alleen für die Landwirtschaft

- Einzelbäume können den Maschineneinsatz behindern.
- Schattenwurf und Wurzelkonkurrenz vermindern den Ertrag unter den Bäumen.
- Bäume brauchen Platz (Landbedarf).

Empfehlungen

- Die Erhaltung von Einzelbäumen ist sehr wichtig für zahlreiche Tiere, Moose und Flechten.
- Es dauert viele Jahrzehnte, bis ein Baum seinen vollen ökologischen Wert erreicht hat. Daher ist es wichtig, rechtzeitig für den Ersatz von überalterten Bäumen zu sorgen, weil sonst längerfristig die Anzahl Bäume abnehmen wird.
- Die Pflanzkosten für einen Baum sind gering und der Pflegeaufwand minimal.
- Die durch einen Baum verursachten Ertragseinbussen sind bescheiden im Vergleich zum ökologischen Wert des Baumes.

Literaturverzeichnis

Bellmann, H. (1995) *Bienen, Wespen, Ameisen*. Franckh-Kosmos Verlag, Stuttgart.

Claridge, M.F. & Wilson, M.R. (1981) Host-plant associations, diversity and species-area relationship of mesophyll-feeding leafhoppers of trees and shrubs in Britain. *Ecological Entomology, 6*, 217-238.

Feeny, P.P. (1976) Biochemical coevolution between plants and their insect herbivores. In: *Coevolution of Animals and Plants* (eds L.E. Gilbert & P.H. Raven), pp. 3-19. University of Texas Press, Austin.

Gebhard, J. (1983) Die Fledermäuse in der Region Basel. *Verhandlungen der Naturforschenden Gesellschaft Basel, 94,* 1-42.

Janzen, D.H. (1968) Host plants as islands in evolutionary and contemporary time. *American Naturalist, 102,* 592-595.

Janzen, D.H. (1973) Host plants as islands. II. Competition in evolutionary and contemporary time. *American Naturalist, 107,* 786-790.

Jedicke, E. (1994) *Biotopverbund. Grundlagen und Massnahmen einer neuen Naturschutzstrategie.* Ulmer Verlag, Stuttgart.

Kennedy, C.E.J. & Southwood, T.R.E. (1984) The number of species of insects associated with British trees: a reanalysis. *Journal of Animal Ecology, 53,* 455-478.

Lawrey, J.P. (1984) *Biology of Lichenized Fungi.* Praeger, New York.

Lawton, J.H. (1978) Host-plant influences on insect diversity: the effects of space and time. *Symposia of the Royal Entomological Society of London, 9,* 105-125.

Moran, V.C. & Southwood, T.R.E. (1982) The guild composition of arthropod community in trees. *Journal of Animal Ecology, 51,* 289-306.

Olthoff, T. (1986) Untersuchungen zur Insektenfauna Hamburger Strassenbäume. *Entomologische Mitteilungen des Zoologischen Museums Hamburg, 127,* 213-229.

Opler, P.A. (1974) Oaks as evolutionary islands for leaf-mining insects. *American Scientist, 62,* 67-73.

Seyd, E.D. & Seaward, M.R.D. (1984) The association of oribatid mites with lichens. *Biological Journal of the Linnean Society, 80,* 369-420.

Southwood, T.R.E. (1961) The number of species of insects associated with various trees. *Journal of Animal Ecology, 30,* 1-8.

Steiger, P. (1995) *Wälder der Schweiz.* Ott Verlag, Thun.

Strong, D.A. (1979) Species richness of plant parasites and growth form of their hosts. *American Naturalist, 114,* 1-22.

Taksdal, G. (1965) Hemiptera (Heteroptera) collected on ornamental trees and shrubs at the Agricultural College of Norway, As. *Norsk entomologisk Tidskrift, 13,* 5-10.

Typ 10: Hecken, Feldgehölze

Klaus C. Ewald, Martin Lobsiger

Je nachdem, ob eine Hecke vorwiegend aus nieder- oder hochwüchsigen Sträuchern, Bäumen in Buschform oder aus Bäumen gebildet wird, unterscheidet man zwischen Nieder-, Mittel-, Hoch- oder Baumhecken. Windschutzstreifen, Baumgruppen, bestockte Böschungen und heckenartiges Ufergehölz können ebenfalls dem hier dargestellten Typus zugerechnet werden. Hecken und Feldgehölze prägen nicht nur das Landschaftsbild, sondern sind auch eine grosse Bereicherung für die Pflanzen- und Tierwelt. Ihre Bedeutung für die Biodiversität ist allerdings abhängig von der Pflege und der Struktur der Hecke, beziehungsweise des Feldgehölzes, sowie von der Vielfalt der darin vorkommenden Strauch- und Baumarten *(siehe Farbtafel 10; Seite XI)*.

Die Bedeutung der Hecken und Feldgehölze als Lebensraum für Pflanzen und Tiere

- Hecken und Feldgehölze bieten einer Vielzahl von Pflanzen und Tieren Lebensraum. Den grössten Wert haben Hecken, die aus verschiedenen standorttypischen Pflanzenarten unterschiedlichen Alters bestehen (Blab, 1993). In alten Hecken können bis zu 12 Baum- und 30 Straucharten sowie eine Vielzahl von Blütenpflanzen vorkommen, darunter auch seltene und gefährdete Arten der Roten Liste (z.B. Orchideen) (Spahl, 1990). In nordbayerischen Hecken kommen insgesamt 90 verschiedene Holzgewächse vor (Schulze et al., 1984).
- Verschiedene Untersuchungen bezüglich der Artenvielfalt von Tieren in Hecken und Feldgehölzen haben erstaunliche Ergebnisse hervorgebracht: Hecken und Feldgehölze bieten Lebensraum für bis zu 1500 Tierarten (Rotter & Kneitz, 1977), darunter:
  - über 1000 Insektenarten (Blab, 1993),
  - 35 Falterarten (Tagfalter, Spinnenartige, Eulen, Spanner, Wickler, Motten, Zünsler und Federgeisterchen; Riecken & Blab, 1989),

- rund 65 Landgastropodenarten (Nottbohm, 1986),
- über 30 Vogelarten (Kronenbrüter, Höhlenbrüter, Buschbrüter und Bodenbrüter; Rotter & Kneitz, 1977; Hallwyler, 1985),
- 9 Amphibien- und Reptilienarten (Hallwyler, 1985) und
- 18 Säugetierarten (z.B. Igel, Feldhase, Fledermäuse; Hallwyler, 1985).

Viele dieser Tierarten sind gefährdet oder selten.

- Lammert (1986) erwähnt eine Arbeit, derzufolge allein auf der Schlehe 70 Kleinschmetterlingsarten gefunden wurden.

Die Bedeutung der Hecken und Feldgehölze für die Ökologie und biologische Vielfalt im allgemeinen

- Entsprechend der strukturellen Ausprägung, der Pflanzenzusammensetzung sowie der Qualität und Distanz benachbarter Biotope bietet die Hecke einen multifunktionalen Lebensraum für viele Tiere. Für Insekten ist beispielsweise von Bedeutung, dass die vorhandenen Blütenpflanzen unterschiedliche Blütezeiten aufweisen. Im Gegensatz zur umgebenden Agrarlandschaft bilden Hecken eine bis in den Spätherbst andauernde Nahrungsquelle für auf Nektar angewiesene Insekten wie Bienen, Hummeln und Schmetterlinge (Müller, 1990).
- Die verschiedenen Funktionen von Hecken und Feldgehölzen als Lebensraum umfassen unter anderem: (1) Deckung und Schutz vor Witterung und Feinden sowie vor Bewirtschaftungsaktivitäten auf angrenzenden Feldern, (2) Ansitzwarte, Singwarte, Rendezvousplatz, (3) Leitstruktur bei Migration (Korridorfunktion), (4) Nacht- und Winterquartier für Feldtiere, (5) Brutplatz und Fortpflanzungsraum für Vögel und viele Kleintiere, (6) Nahrungsreservoir und (7) Lebensraum oder Teillebensraum (Hallwyler, 1985; Riecken & Blab, 1989).

Die Bedeutung der Hecken und Feldgehölze für die Landwirtschaft und Besucher

Gut angelegte und gepflegte Hecken weisen für die Landwirtschaft viele Vorteile auf:

- Unter den Hunderten von Tierarten (Insekten, Spinnen, Vögeln, Säugetieren), die in Hecken vorkommen, finden sich viele Nützlinge, z.B. über 110 Arten von Schlupfwespen (Blab, 1993). Rund 90% der mitteleuropäischen Schlupfwespenarten dürften in mindestens einem Lebenstadium (Ei, Larve, Puppe oder Imago) in Hecken oder ähnlichen Vegetationsformen anzutreffen sein (Lammert, 1986).

- Hecken dienen als Windschutz und verhindern die Erosion des Bodens.
- Hecken beeinflussen hauptsächlich auf ihrer Leeseite das Mikroklima der angrenzenden Felder durch Senkung der Evaporation, Erhöhung der Bodenfeuchte und Tauspende. Die Reichweite des Einflusses einer Hecke auf das leeseitig angrenzende Kulturland kann das 7-15fache der Heckenhöhe erreichen (Nägeli, 1965; Benzarti, 1989; Müller, 1990).
- Hecken bieten Nistplätze und Nahrung für Vögel, welche dadurch weniger Schäden an den Kulturen anrichten (Hallwyler, 1985).
- Hecken sind für ein harmonisches Landschaftsgefüge und Landschaftsbild unersetzlich (Hallwyler, 1985).

Nachteile der Hecken und Feldgehölze für die Landwirtschaft

- Negative Einflüsse auf das angrenzende Kulturland wie Schattenwurf, Wurzelkonkurrenz, Stau von Kaltluft (Frostgefahr) und Behinderung des Maschineneinsatzes können durch unsachgemäss angelegte oder nicht richtig gepflegte Hecken entstehen. Diese Nachteile können aber durch geschickte Anlage und Pflege soweit gemindert werden, dass die Vorteile einer Hecke die Nachteile bei weitem überwiegen (Amstutz et al., 1990).
- In Hecken leben vorwiegend andere Tierarten als im benachbarten Kulturland. Eine von Hecken ausgehende Massenausbreitung von Schädlingen ist deshalb kaum möglich (Spahl, 1990). Einige Heckensträucher können jedoch als Überträger von Pilzkrankheiten auf Kulturpflanzen wirken (z.B. Berberitze für den Getreiderost). Diese Straucharten sollten deshalb in Hecken nicht gefördert werden (Delabays, 1988).

Empfehlungen

- Es sollten nur einheimische und wenn immer möglich Pflanzen- und Gehölzarten aus der jeweiligen Region angepflanzt werden (siehe Merkblatt "Unsere einheimische Heckenpflanzen"; LBL, 1994a; SKEW, 1994).
- Nur eine sorgfältig angelegte und gepflegte Hecke ist für die Biodiversität wertvoll und hat auch auf das angrenzende Kulturland positive Effekte.
- Die Pflege einer Hecke muss gemäss den Empfehlungen der Landwirtschaftlichen Bera-

tungszentrale Lindau erfolgen (siehe Merkblatt "Heckenpflege – richtig gemacht"; LBL, undatiert).

- "Monokulturhecken" (z.B. reine Hasel- oder Hainbuchenhecken), strukturlose Hecken oder Hecken aus gleichaltrigen Pflanzen sind für die Biodiversität von geringer Bedeutung. Solche Hecken sollten gemäss dem Merkblatt "Heckenpflege – richtig gemacht" (LBL, undatiert) aufgewertet werden.
- Hecken sollen helfen, Biotope zu vernetzen. Bei der Neuplanung von Hecken muss deshalb die Qualität und räumliche Lage der benachbarten Biotope berücksichtigt werden (siehe Merkblatt "Eine Hecke pflanzen – aber wie?"; LBL, 1994b).
- Die unterste Schicht (Krautschicht) einer Hecke bietet einen wertvollen Lebensraum für diverse Tiere und Pflanzen. Sie sollte deshalb reich strukturiert und nicht ausgeräumt werden.

Literaturverzeichnis

Amstutz, M., Hufschmid, N. & Dick, M. (1990) *Natur aus Bauernhand - Ein Leitfaden zur ökologischen Landschaftsgestaltung.* Forschungsinstitut für biologischen Landbau, Oberwil.

Benzarti, J. (1989) Effects of a windbreak on temperature, moisture and global radiation in an irrigated section. *Annales de l'institut national de la recherche agronomique de Tunisie, Ariana, Tunisie, Special Issue,* 27-47.

Blab, J. (1993) Grundlagen des Biotopschutzes für Tiere. *Schriftenreihe für Landschaftspflege und Naturschutz, 24,* 1-479.

Delabays, N. (1988) *Les haies et l'agriculture.* Nationales Forschungsprogramm "Boden" (NFP 22), Bericht Nr. 12, Liebefeld-Bern.

Hallwyler, G. (1985) *Hecken. Praktischer Ratgeber.* Kiebitz, Mitteilungsblatt des Aargauischen Natur- und Vogelschutzverbandes (ANV), Nr. 36, Küngoldingen.

Lammert, F.-D. (1986) Hecken und Feldgehölze. *Unterricht Biologie, 116,* 4-13.

LBL (Hrsg.) (1994a) *Unsere einheimischen Heckenpflanzen.* Merkblatt, Landwirtschaftliche Beratungszentrale, Lindau.

LBL (Hrsg.) (1994b) *Eine Hecke pflanzen – aber wie?* Merkblatt, Landwirtschaftliche Beratungszentrale, Lindau.

LBL (Hrsg.) (undatiert) *Heckenpflege – richtig gemacht.* Merkblatt, Landwirtschaftliche Beratungszentrale, Lindau.

Müller, J. (1990) Funktionen von Hecken und deren Flächenbedarf vor dem Hintergrund der landschaftsökologischen und -ästhetischen Defizite auf den Mainfränkischen Gäuflächen. *Würzburger geographische Arbeiten, 77,* 1-318.

Nägeli, W. (1965) Über die Windverhältnisse im Bereich gestaffelter Windschutzstreifen. *Mitteilungen der Schweizerischen Anstalt für das forstliche Versuchswesen, 41,* 221-300.

Nottbohm, G. (1986) *Ökologische Untersuchungen zur Molluskenfauna in Feldgehölzen und Hecken einer Agrarlandschaft, aufgezeigt am Beispiel des Hessischen Rieds.* Dissertation Universität Hessen, Hildesheim/Griesheim.

Riecken, U. & Blab, J. (1989) Biotope der Tiere in Mitteleuropa. *Naturschutz Aktuell, 7,* 1-123.

Rotter, M. & Kneitz, G. (1977) Die Fauna der Hecken und Feldgehölze und ihre Beziehung zur umgebenden Agrarlandschaft. *Waldhygiene, 12,* 1-82.

Schulze, E.-D., Reif, A. & Küppers, M. (Hrsg.) (1984) Die pflanzenökologische Bedeutung und Bewertung von Hecken. *Berichte der Akademie für Naturschutz und Landschaftspflege, Beiheft 3,* 1-159.

SKEW (Hrsg.) (1994) *Empfehlungen zur Gewinnung und Verwendung von standortgerechtem Saat- und Pflanzgut für die Begrünung von ökologischen Ausgleichsflächen und für die Neubepflanzung von Strassen- und Bahnböschungen sowie Planierungsflächen.* Schweizerische Kommission für die Erhaltung von Wildpflanzen, Nyon.

Spahl, H. (1990) Hecken und Feldgehölze. *Mitteilungen der Forstlichen Versuchs- und Forschungsanstalt Baden-Württemberg, 144,* 1-56.

Weitere Hinweise zum Thema Hecken und Feldgehölze:

Achtziger, R. (1995) *Die Struktur von Insektengemeinschaften an Gehölzen: Die Hemipteren-Fauna als Beispiel für die Biodiversität von Hecken- und Waldrandökosystemen.* Dissertation, Universität Bayreuth.

Akademie für Naturschutz und Landschaftspflege, ALN (1982) Hecken und Flurgehölze – Struktur, Funktion und Bewertung. *Laufener Seminarbeiträge, 5,* 1-138.

Benzarti, J. (1989) Windbreak effects on fodder production. *Annales de l'institut national de la recherche agronomique de Tunisie, Ariana, Tunisie, Special Issue,* 138-145.

Fuchs, E. (1982) Folgen kulturtechnischer Massnahmen auf den Sommervogelbestand im schweizerischen Mittelland. *Der Ornithologische Beobachter, 79,* 121-127.

Linck, O. (1954) *Der Weinberg als Lebensraum.* Hohenlohische Buchhandlung F. Rau,

Öhringen.

Müller, J. (1989) Landschaftsökologische und -ästhetische Funktionen von Hecken und deren Flächenbedarf in Süddeutschen Intensiv-Agrarlandschaften. *Berichte der Akademie für Naturschutz und Landschaftspflege, 13,* 3-58.

Müller, W. (1979) *Bedeutung, Schutz und Pflege von Hecken.* Merkblatt des Schweizerischen Landeskomitees für Vogelschutz SLKV, Birmensdorf.

Parish, T., Lakhani, K.H. & Sparks, T.H. (1995) Modelling the relationships between bird population variables and hedgerow, and other field margin attributes. 2. Abundance of individual species and of groups of similar species. *Journal of Applied Ecology, 32,* 362-371.

Penn ar Bed (1965) Les Talus. *Revue régionale de Géographie, Sciences Naturelles, Protection de la Nature, 5,* 37-100.

Pfister, H.P., Naef-Daenzer, B. & Blum, H. (1986) Qualitative und quantitative Beziehungen zwischen Heckenvorkommen im Kanton Thurgau und ausgewählten Heckenbrütern: Neuntöter, Goldammer, Dorngrasmücke, Mönchsgrasmücke und Gartengrasmücke. *Der Ornithologische Beobachter, 83,* 7-34.

Reif, A. & Aulig, G. (1990) Neupflanzung von Hecken im Rahmen von Flurbereinigungsmassnahmen: Ökologische Voraussetzungen, historische Entwicklung der Pflanzkonzepte sowie Entwicklung der Vegetation gepflanzter Hecken. *Berichte der Akademie für Naturschutz und Landschaftspflege ALN, 14,* 185-220.

Roth, A. (1963) Vergleichende biozönotische Untersuchungen über Insekten an Laub- und Nadelfeldgehölzen in der Magdeburger Börde. *Hercynia N.F., 1,* 51-81.

Watt, T.A. & Buckley, G.P. (eds) (1994) *Hedgerow Management and Nature Conservation.* Wye College Press, Ashford.

Zornbach, W. & Schickedanz, F. (1987) Die Rolle der Feldraine für Naturschutz und Landwirtschaft – Plädoyer für den Feldrain aus agrar-entomologischer Sicht. *Nachrichtenblatt für den Deutschen Pflanzenschutzdienst, 39,* 90-93.

zu Jeddeloh, H. (Hrsg.) (1979/1980) *Über die Wirkungen von Windschutzanlagen auf die Landwirtschaft.* Höhere Forstbehörde Rheinland, Bonn.

Zwölfer, H., Bauer, G., Heusinger, G. & Stechmann D. (1984) Die tierökologische Bedeutung und Bewertung von Hecken. *Berichte der Akademie für Naturschutz und Landschaftspflege, Beiheft 3,* 1-155.

Typ 11: Wassergräben, Tümpel, Teiche

Bruno Baur, Karin Stingelin

Wassergräben sind stehende oder schwach fliessende, lineare Gewässer, die meist zur Entwässerung von Nutzland angelegt wurden. Tümpel sind seichte Kleingewässer, die jährlich über längere Zeit austrocknen, auf lehmig-tonigen Böden aber auch über längere Zeit Wasser enthalten können. Teiche sind für spezielle Nutzfunktionen angelegte und unterhaltene Gewässer, die meistens ein steiles Ufer und oft einen regulierbaren Wasserstand haben. Durch ihren eher künstlichen Charakter unterscheiden sich Teiche von natürlich entstandenen oder naturnah gestalteten Kleinweihern und Weihern mit eher flachen Ufern. Die Übergänge zwischen Teichen und Weihern sind aber fliessend. Wassergräben, Tümpel, Teiche und Weiher dienen heute vielen Pflanzen- und Tierarten als Ersatzlebensraum für zerstörte Auengebiete und Sumpflandschaften. Diese Kleingewässer haben eine hohe Bedeutung für die biologische Vielfalt, benötigen aber eine angepasste Pflege, um ihren Naturschutzwert über längere Zeit erhalten zu können *(siehe Farbtafel 11; Seite XII)*.

Die Bedeutung der Wassergräben, Tümpel und Teiche als Lebensraum für Pflanzen und Tiere

- Wassergräben, Tümpel und Teiche sind von grosser Bedeutung für geschützte Pflanzen, Amphibien, Reptilien, Vögel und viele gefährdete wirbellose Kleintiere. Diese kleinen Ruhegewässer sind auch Lebensraum für die Larvenstadien vieler Tierarten, z.B. Libellen, Käfer, Eintagsfliegen und Amphibien (Emmenegger & Lenzin, 1988; Pretscher, 1995).
- In der Schweiz leben heute 17 Arten von Amphibien oder Lurchen: Frösche, Kröten, Unken, Molche und Salamander (Borgula et al., 1994). Mit Ausnahme des Alpensalamanders sind alle unsere Amphibien zur Fortpflanzung auf Gewässer angewiesen, die meisten auf stehende Kleingewässer wie Tümpel, Teiche, Weiher und Wassergräben.
- Wassergräben bilden den Lebensraum von über 98 Kleintierarten, u.a. Wasserkäfer, Was-

sermollusken und Libellen (Löderbusch, 1994). Kratz (1992) fand über 33 verschiedene Käferarten in Wassergräben.

- In Wassergräben finden sich auch viele gefährdete Tier- und Pflanzenarten, die früher vor allem in Moorlandschaften vorkamen, z.B. die Libelle *Somatochlora arctica* (Clausnitzer, 1985) oder die Helm-Azurjungfer (*Coenagrion mercuriale*), falls die Wassergräben oder Teiche mit dem Grundwasser verbunden sind (Röske, 1995).
- Besonders artenreich sind Flora und Fauna in Gräben und deren Uferzone, wenn jedes Jahr im Herbst ein Teil des Grundes entkrautet wird. Diederich et al. (1995) sammelten über 77 Arten von bodenlebenden Kleintieren in entkrauteten Wassergräben.
- In Tümpeln bilden sich auf die Bodenbeschaffenheit angepasste Pflanzen- und Tiergesellschaften. Falls keine Störung durch Nährstoffeintrag besteht, können sich Zwergbinsen-Gesellschaften entwickeln. Ein Grossteil der Tümpelbewohner überlebt die Trockenperioden im Schlamm. Das oft nur wenige Zentimeter tiefe Wasser bietet ein spezielles Laichmilieu für Grünfrösche, Kreuzkröten und Molche (Pretscher, 1995).
- Bereits Pfützen oder wassergefüllte Wagenspuren in tonig-sandigen oder lehmhaltigen Böden können eine reiche Tierwelt beherbergen. Kleinkrebschen, Wasserwanzen, unzählige Wasserkäfer, Wassermilben, Kaulquappen, Unken, Molche und andere Tiere bewohnen diese "Kleingewässer" (Pretscher, 1995). Auch gefährdete Pflanzen aus Zwergbinsen-Gesellschaften (*Nanocyperion*) mit Fadenenzian, Bitterling, Kleinem Tausendgüldenkraut, Rasen-, Zwerg-, und Zwiebelbinsen sowie Zypergras siedeln sich in wassergefüllten Wagenspuren an (Pretscher, 1995).
- Unter den stehenden Gewässern können naturnahe Weiher die grösste Artenvielfalt beherbergen. Als Laichgewässer für Amphibien (besondere für Grünfrösche, Erdkröten und Molche) kommt den Weihern grosse Bedeutung zu (Pretscher, 1995).
- Entsprechend der Grösse und dem Ausmass der Verlandungszone sind Weiher für unterschiedliche Artengruppen bedeutend (Kaule, 1991). So können sich in Weihern je nach Entwicklungsbedingungen und Substrattyp verschiedene, teilweise stark gefährdete Pflanzengesellschaften entwickeln.
- Grössere Weiher sind auch Wasservogelbiotope. Bezzel (1982) gibt eine detaillierte Liste von Vogelarten, die besonders von Teichen profitieren.
- Weiher und Teiche mit jahreszeitlich schwankendem Wasserstand können von mehr als 20 Libellenarten besucht werden (Emmenegger & Lenzin, 1988).
- An Rändern von stehenden Kleingewässern können eigenständige Spinnengesellschaften entstehen (Baehr-Hoffmann, 1983).

Die Bedeutung der Wassergräben, Tümpel und Teiche für die Ökologie und biologische Vielfalt im allgemeinen

- In den vergangenen Jahrzehnten hat die Zahl der stehenden Kleingewässer stark abgenommen (Borgula et al., 1994). Als ursprüngliche Bewohner der Auengebiete und Sumpflandschaften leiden die Amphibien unter dem drastischen Rückgang dieser Lebensräume sowie unter der ausgeprägten Fragmentierung (=Zerstückelung) der Landschaft. Flachmoore sind im Mittelland auf kleine, isolierte Gebiete reduziert, die Auenwälder auf weniger als 10% ihrer ursprünglichen Fläche geschrumpft. Deshalb übernehmen Wassergräben, Tümpel, Weiher und Teiche für viele Wasserpflanzen und -tiere vor allem in der intensiv genutzten Agrar-, Industrie- und Siedlungslandschaft die Rolle von Ersatzlebensräumen (Refugien; Wildermuth, 1985).
- Je nach Art des Tümpels, Weihers oder Teiches sind verschiedene Artengemeinschaften vorhanden, die meist stark gefährdete Arten enthalten (z.B. Laubfrosch in dynamischen Lebensräumen; Clausnitzer, 1996).
- Wassergräben sind Korridore zwischen Nassstandorten und ermöglichen Wanderungen von Individuen zwischen Populationen und damit auch einen Austausch von Genen (=Genfluss).

Empfehlungen

- Wegen dem Fehlen einer natürlichen, landschaftlichen Auendynamik, die neue Strukturen schafft oder bestehende Gewässer in ihrem Sukzessionsstadium zurückversetzt, kommt der Pflege von Kleingewässern eine grosse Bedeutung zu. In der Praxis bedeutet dies, dass Gewässer von Zeit zu Zeit vertieft oder ausgeräumt und Landflächen vor zu starkem Überwachsen oder Verbuschen bewahrt werden müssen. Mit diesen Massnahmen kann eine Vielzahl von Pflanzen- und Tierarten erhalten werden.
- Verliert ein Kleingewässer durch fortschreitende Sukzession seinen schützenswerten Charakter, gibt es grundsätzlich zwei Pflegestrategien. Entweder wird das Kleingewässer als Ganzes in der Sukzession zurückversetzt (z.B. durch Vertiefen des Gewässers und Entbuschen), oder es wird ein Mosaik verschiedener Sukzessionsstufen aufrechterhalten, indem im Turnus jeweils nur bei einem Teil des Gewässers eingegriffen wird. Generell ist das letztere Vorgehen vorzuziehen. Es bietet durch die grosse Strukturvielfalt dauernd günstige Lebensgrundlagen für spezialisierte Arten sowie Ausweichmöglichkeiten für Pflanzen und

Tiere bei Pflegeeingriffen. Das gilt neben den Weihern auch für Teiche (Wildermuth, 1985). Der Aufwand für diese Art des Unterhalts kann unter Umständen aber recht hoch sein (Borgula et al., 1994).

- Gräben als Entwässerungsrinnen von Kulturflächen sollten auch regelmässig gepflegt werden. Sie sollten alternierend geräumt werden, damit die spezialisierten Pflanzen- und Tierarten die frisch ausgehobenen Teile wieder besiedeln können (Kaule, 1991).
- Die erhöhte Nährstoffzufuhr in die Gewässer, v.a. aus der Landwirtschaft, beschleunigt den natürlichen Verlandungsprozess und kann zu Fäulnisbildung und Sauerstoffmangel führen (Borgula et al., 1994). Deshalb sollte auf eine Nährstoffzufuhr (Düngung) und Biozideinsätze (Herbizide, Fungizide) in einem 10 - 50 m breiten Streifen (je nach Geländeneigung und Nährstoff-Flussverhältnissen) rund um Kleingewässer verzichtet werden.
- Der Mangel an geeigneten Laichgebieten ist eine der Hauptursachen für die Gefährdung der Amphibien (Borgula et al., 1994). Zahlreiche Kleingewässer sind in den vergangenen Jahrzehnten zugeschüttet oder entwässert worden. Es ist deshalb darauf zu achten, dass keine weiteren Kleingewässer mehr zugeschüttet werden. Ebenso sind weitere Grundwasserabsenkungen zu verhindern.
- Der Naturschutzwert von Kleingewässern kann durch Veränderungen in der umgebenden Landschaft erhöht werden, z.B. durch das Anlegen von Ast- und Steinhaufen, Hecken, Extensivstreifen und Ruderalflächen.

Literaturverzeichnis

Baehr-Hoffmann, B. (1983) Bedingungen für die Entstehung einer eigenständigen Spinnenfauna an Rändern stehender Kleingewässer im Schönbuch. In: *Verhandlungen der Gesellschaft für Ökologie, 11. Jahrestagung Mainz 1981.* (Hrsg. R. Klingelbach), pp. 83-88. Selbstverlag, Göttingen, Berlin.

Bezzel, E. (1982) *Vögel in der Kulturlandschaft.* Ulmer Verlag, Stuttgart.

Borgula, A., Fallot, P. & Ryser, J. (1994) *Inventar der Amphibienlaichgebiete von nationaler Bedeutung.* Schriftenreihe Umwelt Nr. 233. Bundesamt für Umwelt, Wald und Landschaft (BUWAL), Bern.

Clausnitzer, H.-J. (1985) Die arktische Smaragdlibelle (*S. arctica* Zett.) in der Südheide (Niedersachsen). *Libellula, 4,* 92-101.

Clausnitzer, H.-J. (1996) Entwicklung und Dynamik einer künstlich wiederangesiedelten Laubfrosch-Population. *Natur- und Landschaftsplanung, 28,* 69-74.

Diederich, A., Neumann, D. & Bocherding, J. (1995) Flora und Fauna in Gräben einer niederrheinischen Auenlandschaft. Auswirkungen von Grabenräumungen. *Natur und Landschaft, 70,* 263-268.

Emmenegger, C. & Lenzin, H. (1988) *Die Zurlindengrube Pratteln.* Tätigkeitsberichte der Naturforschenden Gesellschaft Baselland, Band 35, Liestal.

Kaule, G. (1991) *Arten- und Biotopschutz.* 2. Auflage. Ulmer Verlag, Stuttgart.

Kratz, R. (1992) *Ökologische Untersuchungen am Grabensystem des Drömlings zur Eignung der Schwimmkäfer (Coleoptera: Dytiscidae) als Indikator- und Zielartengruppe für die Bewertung von Feuchtgebieten und dort durchgeführten biotopverbessernden Massnahmen.* Dissertation, Technische Universität Carolo-Wilhelmina, Braunschweig.

Löderbusch, W. (1994) Auswirkung von verschiedenen Grabenräumungsmethoden auf die Fauna und Flora von Entwässerungsgräben. *Natur und Landschaft, 68/69,* 73-108.

Pretscher, P. (1995) *Kleingewässer schützen und schaffen.* Auswertungs- und Informationsdienst für Ernährung, Landwirtschaft und Forsten, Bonn.

Röske, W. (1995) Die Helmazurjungfer (*Coenagrion mercuriale*) in Baden-Württemberg - Aktuelle Bestandssituation und erste Erfahrungen mit dem Artenhilfsprogramm. *Ökologie und Naturschutz, 4,* 29-34.

Wildermuth, H. (1985) *Natur als Aufgabe.* Schweizerischer Bund für Naturschutz, Basel.

Typ 12: Ruderalflächen, Steinhaufen, Steinwälle

Klaus C. Ewald, Martin Lobsiger

Als Ruderalflächen werden Gebiete mit gestörter Bodenoberfläche bezeichnet. Viele Ruderalflächen werden durch den Menschen geschaffen, so etwa Aufschüttungen, Schutthalden, Böschungen, Bahnareale, Abbaugebiete (Ton-, Kies- und Sandgruben) oder Randflächen von Verkehrswegen. Zu den Ruderalflächen natürlichen Ursprungs gehören Uferzonen, Überschwemmungsgebiete, Schotterflächen, Erdanrisse, Treibgutablagerungen und Stein- oder Erdrutschhänge. Auf Ruderalflächen wächst eine besondere Kraut- und Hochstaudenvegetation. Ohne periodische Pflege, welche Störungen nachahmt, überwachsen Ruderalflächen jedoch mit Holzpflanzen und verlieren dadurch die charakteristischen Eigenschaften von Pionierstandorten. Früher wurden störende Steine aus Wiesen und Weiden entfernt und zu Steinhaufen oder -wällen aufgeschichtet. Solche Steinhaufen und Steinwälle sind Lebensraum und Refugien für viele gefährdete, wämeliebende Pflanzen und Tiere wie Reptilien, Kleinsäuger und wirbellose Kleintiere. Steinhaufen dienen auch als Nistplätze für Vögel. Lesesteinhaufen werden oft als eine unordentliche Ablage oder als Hindernis für den Maschineneinsatz betrachtet und werden deshalb aus den landwirtschaftlichen Flächen entfernt. Ruderalflächen wie Steinhaufen und -wälle haben eine grosse Bedeutung für die Erhaltung und Förderung der biologischen Vielfalt *(siehe Farbtafel 12; Seite XII).*

Die Bedeutung der Ruderalflächen, Steinhaufen und Steinwälle als Lebensraum für Pflanzen und Tiere

- Auf Ruderalflächen finden sich viele Pionierarten wie beispielsweise einjährige Ackerwildkräuter, die heute mehrheitlich aus der intensiven Kulturlandschaft verdrängt worden sind (z.B. Acker-Rittersporn (*Consolida regalis*), Kugelköpfiger Lauch (*Allium sphaerocephalon*, Ranken-Platterbse (*Lathyrus aphaca*); Brandes, 1988; Preising, 1993).
- Ruderalfluren sind wichtig als Nahrungs-, Brut-, Schutz- und Überwinterungsraum für

zahlreiche Tiere. Dazu gehören vor allem Wirbellose, insbesondere Bienen, Hummeln und Schmetterlinge, aber auch Wirbeltiere wie Feldhase, Kleinsäuger sowie samenfressende oder bodenbrütende Vogelarten (z.B. das Rebhuhn; Preising, 1993; BUWAL, 1994).

- In einem Ruderalökosystem in Deutschland wurden in einer mehrjährigen Untersuchung 68 Carabidenarten gefunden, wovon 10 in der Roten Liste aufgeführt sind (Gruttke, 1989).
- Verschiedene, teilweise gefährdete Pionierarten sind auf vegetationsfreie oder -arme Bereiche der Ruderalflächen angewiesen und benötigen daher eine regelmässige Dynamik in ihrem Lebensraum (Blab, 1993). Zu ihnen gehören z.B. die Kreuzkröte, das Mauswiesel und zahlreiche Insekten (Bau- und Umweltschutzdirektion Basel-Landschaft, 1990).
- Einen besonderen Lebensraumtyp bilden strukturreiche Moränenböden und Schutthaufen mit reicher Ödlandvegetation oder Abbaugebiete wie z.B. Kiesgruben. Sie bilden einzigartige Refugien für zahlreiche Kleintiere. In Kiesgruben bei Winterthur wurden beispielsweise folgende Insekten gefunden: 23 Schmetterlingarten, 8 Heuschrecken- und Grillenarten, Ameisenlöwen, Käfer, Wildbienen und insgesamt 73 Arten von Faltenwespen, Weg- und Grabwespen (Wildermuth, 1976).
- Auf Steinwällen und -haufen siedeln sich Kräuter und Büsche an, die Nistplätze für Ammern, Würger, Grasmücken und Feldhühner bieten.
- In den Lücken der Steinwälle finden Kleinsäuger, Reptilien (z.B. Mauereidechse, Blindschleiche, Schlingnatter, Zornnatter (südlich der Alpen) und Aspisviper (im Jura und in den Alpen)), Amphibien sowie unzählige wirbellose Tiere Ruhe-, Schutz- und Überwinterungsplätze (Blab, 1982; Brodmann, 1985; Kramer & Stemmler, 1988). Die meisten dieser Tierarten stehen in der Schweiz auf den Roten Listen (Duelli et al., 1994).
- Steinhaufen oder Ruderalflächen können auch Lebensraum für die gefährdete Geburtshelferkröte sein (Brodmann, 1985).
- Die Oberfläche der Steinwälle und Steinhaufen bildet einen speziellen Lebensraum für viele Flechten- und Moosarten. Blattflechten sind ihrerseits Lebensraum für Kleinstlebewesen wie Milben (10 und mehr Arten; Seyd & Seaward, 1984), Larven von verschiedenen Insekten sowie winzig kleinen Schnecken (Baur et al., 1995). Viele dieser Arten sind hochspezialisiert und verbringen den grössten Teil ihres Lebens unter einer einzigen Flechte (Baur & Baur, 1997).

Die Bedeutung der Ruderalflächen, Steinhaufen und Steinwälle für die Ökologie und biologische Vielfalt im allgemeinen

- Je nach Struktur, Bodenbeschaffenheit, Lage, Temperatur, Feuchtigkeitsgehalt, Nährstoffangebot, Bewirtschaftung usw. bieten Ruderalflächen sehr unterschiedliche Lebensbedingungen. Entsprechend gross ist denn auch die Vielfalt an Lebensformen, welche die Ruderalflächen besiedeln. Manche ruderale Pflanzenarten kommen in relativ stabilen Gesellschaften vor, die sich mehrere Jahre lang halten können, ehe sie sukzessionsbedingt abgelöst werden, während andere Ruderalpflanzen auf "frische", nackte Standorte angewiesen sind und im Verlaufe der Sukzession rasch wieder verschwinden (Preising, 1993).
- Ruderalflächen bilden vielfach Ersatzbiotope für gefährdete oder bedrohte Pflanzen und Tiere. Durch den Rückgang der Ruderalstandorte sind im Schweizerischen Mittelland und in den Nordalpen bereits 50% der ruderalen Pflanzenarten ausgestorben oder gefährdet (Landolt, 1991). In den Ruderalfluren Niedersachsens wurden rund 60 gefährdete oder bedrohte Pflanzenarten gefunden (Brandes, 1988).
- Ruderalflächen, Steinhaufen und Steinwälle spielen für gefährdete Pflanzen und Tiere eine wichtige Rolle als Trittsteine zwischen isolierten Biotopen (Jedicke, 1994)

Die Bedeutung der Ruderalflächen, Steinhaufen und Steinwälle für die Landwirtschaft

- Viele Arten der Ruderalvegetation wurden früher als Heil-, Nutz- (Gewürz-) oder Zauberpflanzen verwendet (z.B. Guter Heinrich, *Chenopodium bonus-henricus*; Meerrettich, *Armoracia rusticana*; Meisterwurz, *Peucedanum ostruthium*) oder als Kulturbegleiter eingeschleppt, waren also ursprünglich nicht einheimisch (z.B. Kornrade, *Agrostemma githago*; Mohnarten *Papaver* spp.; Kornblume; *Centaurea cyanus*) (Brandes, 1988; Preising, 1993).
- Ruderalflächen, Steinhaufen und Steinwälle unterstützen als Trittsteinbiotope die Ausbreitung von Nützlingen in der Agrarlandschaft (Amstutz et al., 1990).
- Ruderalflächen, Steinhaufen und Steinwälle tragen zu einem harmonischen, reich gegliederten Landschaftsgefüge bei und haben eine grosse landschaftsästhetische Bedeutung.

Empfehlungen

- Ruderalflächen gelten in der Regel als "unordentlich". Sie bieten aber einer meist unscheinbaren und wenig beachteten Flora und Fauna wertvollen Lebensraum. Unter den vielen Insektenarten, die auf Ruderalflächen und deren Vegetation angewiesen sind, befinden sich auch viele Nützlinge.
- Bestehende Ruderalflächen sollten belassen werden.
- Ruderalflächen entstehen oftmals als "Nebenprodukt" bei Bautätigkeiten oder anderen Eingriffen in die Landschaft sowie in der Umgebung von Gebäuden. Diese der natürlichen Sukzession zu überlassen ist meist billiger, als sie mit Humus aufzufüllen und zu begrünen.
- Ruderalflächen sollten mit Pflegemassnahmen in Form von periodischen Störungen in das Anfangsstadium der Sukzession zurückversetzt werden. Damit können viele Pionierarten erhalten werden.
- Steinhaufen und Steinwälle erhöhen die Strukturvielfalt und gehören zur reich gegliederten Landschaft. Sie sollten unbedingt erhalten oder neu angelegt werden.
- Steinhaufen und Steinwälle haben eine wichtige Funktion als Trittsteine zwischen isolierten Lebensräumen. Einzelne, stark isolierte Steinhaufen sind von geringerem biologischem Wert.
- Zahlreiche Steinhaufen und Steinwälle sind teilweise verbuscht. Um ihren Wert als Lebensraum für Kleintiere zu steigern, sollten Gehölze und Bäume, die sie beschatten, entfernt werden.

Literaturverzeichnis

Amstutz, M., Hufschmid, N. & Dick, M. (1990) *Natur aus Bauernhand - Ein Leitfaden zur ökologischen Landschaftsgestaltung.* Forschungsinstitut für biologischen Landbau, Oberwil.

Baur, B. & Baur, A. (1997) *Xanthoria parietina* as a food resource and shelter for the land snail *Balea perversa. Lichenologist, 29,* 99-102.

Baur, B., Fröberg, L. & Baur, A. (1995) Species diversity and grazing damage in a calcicolous lichen community on top of stone walls in Öland, Sweden. *Annales Botanici Fennici, 32,* 239-250.

Bau- und Umweltschutzdirektion des Kantons Basel-Landschaft (Hrsg.) (1990) *Natur konkret: Natur- und Landschaftsschutzkonzept.* Kanton Basel-Landschaft, Liestal.

Blab, J. (1982) Gefährdung und Schutz der heimischen Reptilienfauna. *Natur und Landschaft, 57,* 318-320.

Blab, J. (1993) Grundlagen des Biotopschutzes für Tiere. *Schriftenreihe für Landschaftspflege und Naturschutz, 24,* 1-479.

Brandes, D. (1988) *Ruderalvegetation – Kenntnisstand, Gefährdung und Erhaltungsmöglichkeiten.* Universitätsbibliothek der Technischen Universität Braunschweig, Braunschweig.

Brodmann, P. (1985) *Die Amphibien der Schweiz.* Veröffentlichungen aus dem Naturhistorischen Museum Basel, Nr. 4, Basel.

BUWAL (Hrsg.) (1994) *Naturnahe Lebensräume für den ökologischen Ausgleich.* Umwelt-Materialien, Nr. 17. Bundesamt für Umwelt, Wald und Landschaft, Bern.

Duelli, P. et al. (1994). *Rote Listen der gefährdeten Tierarten in der Schweiz.* Bundesamt für Umwelt, Wald und Landschaft (BUWAL), Bern.

Gruttke, H. (1989) Ökologische und ökotoxikologische Untersuchungen an der Carabidenfauna eines Ruderalökosystems. *Landschaftsentwicklung und Umweltforschung, 66,* 1-235.

Jedicke, E. (1994) *Biotopverbund. Grundlagen und Massnahmen einer neuen Naturschutzstrategie.* Ulmer Verlag, Stuttgart.

Kramer, E. & Stemmler, O. (1988) *Unsere Reptilien.* Veröffentlichungen aus dem Naturhistorischen Museum Basel, Nr. 21, Basel.

Landolt, E. (Hrsg.) (1991) *Gefährdung der Farn- und Blütenpflanzen in der Schweiz, mit gesamtschweizerischen und regionalen Roten Listen.* Bundesamt für Umwelt, Wald und Landschaft (BUWAL), Bern.

Preising, E. (1993) Ruderale Staudenfluren und Saumgesellschaften. Die Pflanzengesellschaften Niedersachsens – Bestandesentwicklung, Gefährdung und Schutzprobleme. *Naturschutz Landschaftspflege in Niedersachsen, 20,* 1-385.

Seyd, E.L. & Seaward, M.R.D. (1984) The association of oribatid mites with lichens. *Zoological Journal of the Linnean Society, 80,* 369-420.

Wildermuth, H. (1976) Kiesgruben als schützenswerte Lebensräume seltener Pflanzen und Tiere. *Mitteilungen der Naturwissenschaftlichen Gesellschaft Winterthur, 35,* 19-73.

Weitere Literatur zum Thema Ruderalflächen, Steinhaufen und Steinwälle

Ellenberg, H. (1996) *Vegetation Mitteleuropas mit den Alpen.* 5. Auflage. Ulmer, Stuttgart.

Fischer, A. (1985) "Ruderale Wiesen" – Ein Beitrag zur Kenntnis des *Arrhenatherion*-Verbandes. *Tuexenia, 5,* 237-248.

Korneck, D. & Sukopp, H. (1988) Rote Liste der in der Bundesrepublik Deutschland ausgestorbenen, verschollenen und gefährdeten Farn- und Blütenpflanzen und ihre Auswertung für den Arten- und Biotopschutz. *Bundesforschungsanstalt für Naturschutz und Landschaftsökologie, Schriftenreihe für Vegetationskunde, 19,* 1-210.

Plachter, H. (1983) Die Lebensgemeinschaften aufgelassener Abbaustellen. Ökologie und Naturschutzaspekte von Trockenbaggerungen mit Feuchtbiotopen. *Bayerisches Landesamt für Umweltschutz, 56,* 1-109.

Preising, E. (1995) Einjährige ruderale Pionier-, Tritt- und Ackerwildkraut-Gesellschaften. Die Pflanzengesellschaften Niedersachsens – Bestandesentwicklung, Gefährdung und Schutzprobleme. *Naturschutz Landschaftspflege in Niedersachsen, 20,* 1-94.

Riecken, U. & Blab, J. (1989) Biotope der Tiere in Mitteleuropa. *Naturschutz Aktuell, 7,* 1-123.

Ritter, M. & Waldis, R. (1983) *Übersicht zur Bedrohung der Segetal- und Ruderalflora der Schweiz, mit Roter Liste der Segetal- und Ruderalflora.* Beiträge zum Naturschutz in der Schweiz, Nr. 5, Schweizerischer Bund für Naturschutz, Basel.

Tischler, W. (1955) *Synökologie der Landtiere.* Fischer Verlag, Stuttgart.

Typ 13: Trockenmauern

Klaus C. Ewald, Martin Lobsiger

Trockenmauern bestehen aus locker geschichteten Steinen, die ohne oder nur mit wenig Mörtel befestigt sind. Je nach Exposition, Schichtung, verwendetem Steinmaterial und Vegetation werden verschiedene Typen von Trockenmauern unterschieden. Am häufigsten sind Trockenmauern in Rebbaugebieten, wo sie für die Terrassierung verwendet wurden. Anderenorts wurden sie entlang von Parzellengrenzen aufgeschichtet und dienen zur Abgrenzung von Weidegebieten. Charakteristisch für alle Arten von Trockenmauern sind die vielen grossen und kleinen Fugen und Hohlräume, in welchen besondere mikroklimatische Bedingungen herrschen. Diese aussergewöhnlichen Lebensraumbedingungen werden von vielen spezialisierten Pflanzen- und Tierarten genutzt. Trockenmauern bereichern das Landschaftsbild und tragen wesentlich zur Erhöhung der biologischen Vielfalt bei *(siehe Farbtafel 13; Seite XIII)*.

Die Bedeutung der Trockenmauern als Lebensraum für Pflanzen und Tiere

- Trockenmauern haben für die Flora und die Fauna eine besondere Bedeutung. An der Oberfläche von Trockenmauern herrschen ausgesprochen trocken-warme Bedingungen, weshalb die Flora und Fauna vorwiegend aus Spezialisten besteht (Blab, 1993).
- Die Flora von Trockenmauern ist sehr vielfältig. Typische Vertreter der Ritzenvegetation sind: Mauerraute (*Asplenium ruta-muraria*), Gelber Lerchensporn (*Corydalis lutea*), Zimbelkraut (*Cymbalaria muralis*), Zypressenwolfsmilch (*Euphorbia cyparissias*), Edelgamander (*Teucrium chamaedrys*), Natternkopf (*Echium vulgare*) und verschiedene Mauerpfefferarten (*Sedum* sp.) (Werner & Kneitz, 1978). Einige dieser Arten sind sehr selten.
- Neben den spezialisierten Arten finden sich auf den Trockenmauern Arten, die auch in anderen Lebensräumen vorkommen, unter ihnen Ruderal-, Wald- und Wiesenpflanzen (SIA, 1996).
- Trockenmauern bilden einen speziellen Lebensraum für viele Flechten- und Moosarten.

Auf der Oberfläche von Kalksteinmauern wurden neben Moosen 52 verschiedene Flechtenarten gefunden (Baur et al., 1995). Blattflechten bilden wiederum einen besonderen Lebensraum für Kleinstlebewesen wie Milben (10 und mehr Arten; Seyd & Seaward, 1984), Larven von verschiedenen Insekten sowie winzig kleinen Schnecken. Viele dieser Arten sind hochspezialisiert und verbringen den grössten Teil ihres Lebens unter einer einzigen Flechte (Baur & Baur, 1997).

- Trockenmauern bieten Gesamt- oder Teillebensräume für zahlreiche Tierarten, so als (1) Nistplätze für wärmeliebende Insekten (z.B. Ameisen-, Pelz-, Furchen- und Seidenbienen, Grab- und Töpferwespen und Ameisen; Blab, 1993), (2) Brutstätten für Mauereidechsen und Vögel (z.B. Steinkauz, Bachstelze, Sommergoldhähnchen, Gartenrotschwanz; Werner & Kneitz, 1978; Darlington, 1981; Seiler, 1986; Hess & Reichard, 1988), (3) Nahrungsreservoir, z.B. für Ameisenfresser wie den Wendehals (Blab, 1993), (4) Ruheplatz für Wirbellose und Reptilien, (5) Warte für Vögel (z.B. Steinschmätzer), (6) Winterquartier für Wirbellose und Reptilien und (7) "Heizraum" für wärmeliebende Arten in für ihre Ansprüche suboptimalen Temperaturbereichen (z.B. Mauereidechse, Blindschleiche und Schlingnatter; Riecken & Blab, 1989; Blab, 1993).
- Trotz der hohen Temperaturen im Sommer leben in den Mauerritzen auch verschiedene Landschneckenarten (Baur et al., 1995).

Die Bedeutung der Trockenmauern für die Ökologie und biologische Vielfalt im allgemeinen

- Trockenmauern, die eine Stützfunktion haben (z.B. in Rebbergen) befinden sich andauernd im Anfangsstadium der Bodenbildung, da die angesammelte Feinerde immer wieder wegrieselt oder weggeschwemmt wird (Dauer-Pionierstandorte; Leutert et al., 1995).
- Die Fauna von Trockenmauern ist mit derjenigen von Abbruchkanten und Erdaufschüttungen vergleichbar. Dort kommen rund 400 Arten v.a. aus den Gruppen der Weberknechte, Springspinnen, Hautflügler, Tanzfliegen und parasitären Raupenfliegen vor (Blab, 1993). Ein Teil dieser Insekten nutzt Fugen und Höhlen als Lebensraum, andere bauen auf fugenlosen Mauern kunstvolle Bauten aus Sand und Schlammklümpchen (z.B. die Faltenwespe *Ancistrocerus oviventris*) oder graben sich mit ihren Mundwerkzeugen Höhlen in zuvor aufgeweichtes Gestein (z.B. die Faltenwespe *Odynerus spinipes*) (ANL, 1989).
- Verschiedene Tierarten (v.a. Kleinsäuger und Laufkäfer) folgen Steinmauern auf ihren Wanderungen. Steinmauern haben somit auch eine Korridorfunktion.

Die Bedeutung der Trockenmauern für die Landwirtschaft

- Trockenmauern haben im Rebbau, aber auch in der übrigen Landwirtschaft eine wichtige ökologische und landschaftsästhetische Bedeutung. Sie wirken als Erosionsschutz an Steilhängen, als Windschutz sowie als landschaftsangepasste Abgrenzung von Parzellen.

Empfehlungen

- Die Zwischenräume zwischen den Mauersteinen bieten Lebensraum für viele Pflanzen- und Tierarten und sollten deshalb nicht mit Mörtel, Zement o.ä. ausgefüllt werden. Dies gilt auch für Trockenmauern in Rebbergen.
- Entlang der Mauer sollte ein ungedüngter und ungespritzter Pufferstreifen von 3 - 5 m Breite angelegt werden.
- Um das Einstürzen ganzer Mauerteile zu vermeiden, muss eine Trockenmauer regelmässig unterhalten werden.
- Viele Trockenmauern sind verbuscht. Büsche und Bäume, die Trockenmauern beschatten, sollten zurückgeschnitten werden. Mit dieser Pflegemassnahme kann der biologische Wert der Trockenmauern erhalten werden.
- Wo neue Stützmauern u.ä. geplant sind, sollten Trockenmauern als Alternative zu Betonmauern in Betracht gezogen werden.
- Wegen der Besonnung sind west-östlich ausgerichtete Mauern idealer als nord-südlich verlaufende Mauern.
- Trockenmauern, die benachbarte Biotope verbinden, sind besonders schutzwürdig.

Literaturverzeichnis

ANL, Akademie für Naturschutz und Landschaftspflege (1989) Dorfökologie – Wege und Einfriedungen. *Laufener Seminarbeiträge, 2/88,* 1-124.

Baur, B. & Baur, A. (1997) *Xanthoria parietina* as a food resource and shelter for the land snail *Balea perversa. Lichenologist, 29,* 99-102.

Baur, B., Fröberg, L. & Baur, A. (1995) Species diversity and grazing damage in a calcicolous lichen community on top of stone walls in Öland, Sweden. *Annales Botanici Fennici, 32,* 239-250.

Blab, J. (1993) Grundlagen des Biotopschutzes für Tiere. *Schriftenreihe für Landschaftspflege und Naturschutz, 24,* 1-479.

Darlington, A. (1981) *Ecology of Walls.* Heinemann Educational Books, London.

Hess, C.-R. & Reichard, V. (1988) Zur ornithologischen Bedeutung von Biotoptypen in Weinbaugebieten. *Natur und Landschaft, 63,* 11-14.

Leutert, F., Winkler, A. & Pfaendler, U. (1995) *Naturnahe Gestaltung im Siedlungsraum.* Leitfaden Umwelt, Nr. 5. Bundesamt für Umwelt, Wald und Landschaft (BUWAL), Bern.

Riecken, U. & Blab, J. (1989) Biotope der Tiere in Mitteleuropa. *Naturschutz Aktuell, 7,* 1-123.

Seiler, W. (1986) Sommervogelgemeinschaften von flurbereinigten und nicht bereinigten Weinbergen im württembergischen Unterland. *Ökologie der Vögel (Ecology of Birds), 8,* 95-107.

Seyd, E.L. & Seaward, M.R.D. (1984) The association of oribatid mites with lichens. *Zoological Journal of the Linnean Society, 80,* 369-420.

SIA, Schweizerischer Ingenieur- und Architekten-Verein (Hrsg.) (1996) *Leben zwischen den Steinen, Sanierung historischer Mauern.* SIA-Dokumentation, Zürich.

Werner, W. & Kneitz, G. (1978) Die Fauna der mitteleuropäischen Weinbaugebiete und Hinweise auf die Veränderungen durch Flurbereinigungsmassnahmen und technisierte Bewirtschaftungsweisen. *Bayerisches Landwirtschaftliches Jahrbuch, 55,* 582-633.

Weitere Literatur zum Thema Trockenmauern

BUWAL (Hrsg.) (1994) *Naturnahe Lebensräume für den ökologischen Ausgleich.* Umwelt-Materialien, Nr. 17. Bundesamt für Umwelt, Wald und Landschaft, Bern.

Drehwald, U. (1993) Flechtengesellschaften. Die Pflanzengesellschaften Niedersachsens – Bestandesentwicklung, Gefährdung und Schutzprobleme. *Naturschutz Landschaftspflege in Niedersachsen, 20,* 1-124.

Haberer, M. (1995) *Steingärten und Trockenmauern.* Franckh-Kosmos, Stuttgart.

Jacober, Ch. & Zopfi, P. (1995) *Trockenmauern, Sonnenstube für Kleintiere.* Faltblatt des Amtes für Umweltschutz des Kantons Glarus, Glarus.

Laske, D. (1988) Lebensraum Mauer. *Nationalpark, 60,* 42-45.

Linck, O. (1954) *Der Weinberg als Lebensraum.* Hohenlohische Buchhandlung F. Rau, Öhringen.

Riecken, U., Ries, U. & Szymank, A. (1994) Rote Liste der gefährdeten Biotoptypen der

Bundesrepublik Deutschland. *Schriftenreihe für Landschaftspflege und Naturschutz, 41,* 1-184.

Stiftung Umwelteinsatz Schweiz (1996) *Trockenmauern – Anleitung für den Bau und die Reparatur.* Ott Verlag, Thun.

Typ 14: Unbefestigte, natürliche Wege

Bruno Baur, Karin Stingelin

Feldwege entstehen durch wiederholte Befahrung der Grasnarbe. Häufig werden die ausgefahrenen Spuren mit Kies, Schotter oder Lesesteinen ausgebessert. Unbefestigte Feldwege sind Lebensraum für an Störungen angepasste Pflanzenarten, die sogenannte Trittgesellschaft. Auch wirbellose Kleintiere (Spinnen, Käfer), die an die speziellen Bedingungen angepasst sind, leben auf unbefestigten Feldwegen. Im Gegensatz zu asphaltierten Strassen wirken Feldwege kaum als Ausbreitungsbarriere für flugunfähige Kleintiere. Unbefestigte Feldwege mit einem Grünstreifen in der Mitte und Wegsäumen tragen wesentlich zur Erhöhung der Biodiversität in Landwirtschaftsgebieten bei und verdienen deshalb besonderen Schutz *(siehe Farbtafel 14; Seite XIII).*

Die Bedeutung der unbefestigten Wege als Lebensraum für Pflanzen und Tiere

- In der Mitte von Feldwegen, zwischen den Radspuren, wächst ein Grünstreifen aus sogenannten "Trittpflanzen". Diese sind zäh und elastisch, verzweigen sich an der Bodenoberfläche, speichern die Nährstoffe in den Wurzeln und erholen sich nach Verletzungen rasch (z.B. Breitwegerich (*Plantago major*), Vogelknöterich (*Polygonum aviculare*) und Wegwarte (*Cichorium intybus*); Schaub-Perrenoud, 1989). Auf lockeren, sandigen und humusarmen Flächen, wie sie selten befahrene Feldwege anbieten können, siedelt sich die Silbergrasflur-Sandpioniergesellschaft (*Spergulo vernalis-Corynephoretum canescentis*) an (Schröder, 1989).
- Überwachsene Erdwege weisen mehr Pflanzen (18 Arten) als das angrenzende, intensiv genutzte Grünland (7 Arten) auf (Kaule, 1991).
- Unbefestigte Wege weisen auch spezielle Lebensgemeinschaften von Tieren (Spinnen, Käfer, Ameisen und Würmer) auf.
- Verschiedene Tagfalter nehmen regelmässig geringe Mengen von lebensnotwendigen

Mineralien (z.B. Natrium) aus der Oberfläche von unbefestigten Wegen sowie aus Pfützen auf (Arms et al., 1974; Pivnick & McNeil, 1987; Boggs & Jackson, 1991). An geeigneten Stellen können oft Dutzende von Schmetterlingen beobachtet werden.

- Unbefestigte, naturnahe Feldwege bieten verschiedenen Hautflüglern Brutplätze, z.B. Wegwespen (Bleigraue Wegwespe, *Pompililus plumbeus*), Sandwespen (*Ammophila* spp.), Knotenwespen (*Cerceris* sp.) und der Harzbiene (*Trachusa serratulae*) (Bellmann, 1995). Für räuberische Arten wie Ameisenlöwen und Eidechsen dienen unbefestigte Wege als Jagdrevier.
- Unbefestige Wege bieten Vögeln die Möglichkeit zum Staubbaden, welches wichtig für die Gefiederpflege ist.
- Schwalben finden auf unbefestigten Wegen Baumaterial für ihre Nester.
- Wagenspuren, die längere Zeit mit Wasser gefüllt und nicht beschattet sind, werden von verschiedenen Amphibien, insbesondere von den beiden gefährdeten Pionierarten Gelbbauchunke und Kreuzkröte sowie vom Grasfrosch und dem Bergmolch, als Fortpflanzungsgewässer benützt (Christaller, 1983).
- Unbefestigte, naturnahe Feldwege sind selten scharf gegen das Kulturland abgegrenzt, sie haben artenreiche, extensiv genutzte Randstreifen mit einer hohen Vielfalt an Pflanzen und Tieren (Schaub-Perrenoud, 1989).

Die Bedeutung der unbefestigten Wege für die Ökologie und biologische Vielfalt im allgemeinen

- Unbefestigte Wege werden von Kleinsäugern und wirbellosen Kleintieren (z.B. Käfer, Spinnen) als Ausbreitungspfade (Korridore) benutzt (Mader et al., 1988) und tragen so wesentlich zur Verknüpfung der heute oft isolierten Populationen und Lebensräume bei (Jedicke, 1994). Die Tiere können Pflanzensamen mit sich tragen und so deren lineare Ausbreitung ermöglichen.
- Die Art des Strassenbelages wirkt sich in erheblichem Masse auf das Mikroklima der unmittelbaren Umgebung der Strasse aus (Arbeitsgemeinschaft Culterra, 1993). Die strukturreichen Oberflächen von Naturstrassen weisen geringere Temperatur- und Feuchtigkeitsschwankungen auf als die Oberflächen von Hartbelagstrassen. Die letzteren nehmen tagsüber mehr Sonnenenergie auf und strahlen dementsprechend am Abend und in der Nacht mehr Wärme ab. Im Gegensatz zu unbefestigten Wegen weisen Hartbelagstrassen an ihren Rändern einen ausgeprägten Temperaturgradienten auf. Diese Mikroklimaunterschiede

verstärken den biologische Barriereeffekt der Hartbelagstrassen.

- Schmale Asphaltstrassen sind für Kleintiere bereits schwer überwindbar und bilden eine Barriere in deren Lebensraum (Baur & Baur, 1990; Arbeitsgemeinschaft Culterra, 1993). Unbefestigte Wege von gleicher Breite können von Kleintieren viel häufiger überquert werden (Mader, 1979, 1984; Mader & Pauritsch, 1981; Baur & Baur, 1990).
- Die veränderten mikroklimatischen Verhältnisse auf Hartbelagstrassen ziehen Reptilien und wirbellose Tiere an, was schon bei geringem Verkehrsaufkommen zu einer hohen Sterblichkeit führt (Weidemann & Reich, 1995). So sucht z.B. die Rotflügelige Schnarrschrecke (*Psophus stridulus*) Strassen auf, um sich aufzuwärmen.
- Die rasche Abtrocknung von Hartbelagstrassen bedeutet für feuchtigkeitsliebende Tierarten (Amphibien, Schnecken, Regenwürmer) oft den Tod (Arbeitsgemeinschaft Culterra, 1993). Schnecken ziehen sich bei Feuchtigkeitsmangel mitten auf der Strasse ins Gehäuse zurück und werden häufig überfahren.
- Wegsäume haben wichtige ökologische Funktionen: Sie dienen als Rückzugslebensraum (Refugium) für Arten der Feldflur und der besiedelten Gebiete. Als Ökotone bilden sie einen "weichen" Übergang zwischen verschiedenartigen Lebensräumen wie Strassen und intensiven Landwirtschaftsflächen und verbinden die in der modernen Agrarlandschaft verbliebenen naturnahen Restflächen (Vernetzungsfunktion; Jedicke, 1994).
- Die Erschliessung und/oder der Ausbau von Wegen ist oft mit einer Intensivierung der Bewirtschaftung der angrenzenden Flächen verbunden (Ewald, 1978; Wegmann, 1991; Luder, 1992). Dadurch werden die Rückzugsmöglichkeiten für seltene Tier- und Pflanzenarten weiter reduziert.

Die Bedeutung der unbefestigten Wege für die Landwirtschaft

- Die Bau- und Unterhaltskosten von befestigten (geteerten) Landwirtschaftsstrassen liegen meist höher als der zu erwartende Nutzen (Bächtold AG, 1992). Für viele Bewirtschaftungsformen reichen unbefestigte Wege aus (Häberli et al., 1991).
- Unbefestigte Wege beeinträchtigen den Wasserhaushalt der beidseitig angrenzenden Landwirtschaftsflächen nicht.

Empfehlungen

- Unbefestigte Feldwege verdienen besonderen Schutz. Sie können von den meisten Kleintieren überquert werden im Gegensatz zu asphaltierten Strassen von gleicher Breite. Der Zerschneidungseffekt von unbefestigten Feldwegen ist minimal.
- Früher diente das ländliche Weg- und Strassennetz ausschliesslich der Landwirtschaft, während heute Wege und Strassen von verschiedenen Interessengruppen genutzt werden. Bei der Beurteilung künftiger Wegprojekte sollten vermehrt auch naturschützerische Aspekte berücksichtigt werden.
- In ökologischen Vorranggebieten ist der Rückbau von befestigten Strassen in Naturwege zu prüfen und gegebenfalls in der Nutzungsplanung zu verankern.
- Viele feuchte oder wasserführende Gräben entlang von Feldwegen und Naturstrassen sind mit Kies aufgefüllt worden oder werden über Röhren und Betonhalbschalen entwässert. Eine Renaturierung dieser Strassengräben sollte gefördert werden.

Literaturverzeichnis

Arbeitsgemeinschaft Culterra (1993) *Flur- und Waldwege heute: asphaltiert, betoniert, befestigt.* Bristol-Stiftung Ruth und Herbert Uhl-Forschungsstelle für Natur- und Umweltschutz, Schaan.

Arms, K., Feeny, P. & Lederhouse, R.C. (1974) Sodium: stimulus for puddling behaviour by tiger swallowtail butterflies. *Science, 185,* 372-374.

Bächtold AG (1992) *Forst- und Güterstrassen: Asphalt oder Kies?* Schlussbericht der Arbeitsgruppe 1989-92 unter der Leitung des BUWAL, Büro Bächtold AG, Bern.

Baur, A. & Baur, B. (1990) Are roads barriers to dispersal in the land snail *Arianta arbustorum*? *Canadian Journal of Zoology, 68,* 613-617.

Bellmann, H. (1995) *Bienen, Wespen, Ameisen.* Franckh-Kosmos Verlag, Stuttgart.

Boggs, C.L. & Jackson, L.A. (1991) Mud puddling by butterflies is not a simple matter. *Ecological Entomology, 16,* 123-127.

Christaller, J. (1983) Vorkommen, Phänologie und Ökologie der Amphibien des Enzkreises. *Jahresheft der Gesellschaft für Naturkunde Württemberg, 138,* 153-182.

Ewald, K.C. (1978) Der Landschaftswandel. Zur Veränderung schweizerischer Kulturlandschaften im 20. Jahrhundert. *Bericht der eidgenössischen Anstalt für das forstliche Versuchswesen, 191,* 1-308.

Häberli, R. et al. (1991) *Boden-Kultur; Vorschläge für eine haushälterische Nutzung des Bodens in der Schweiz.* Schlussbericht des Nationalen Forschungsprogrammes 22, "Nutzung des Bodens". vsf, Zürich.

Kaule, G. (1991) *Arten- und Biotopschutz.* 2. Auflage. Ulmer Verlag, Stuttgart.

Jedicke, E. (1994) *Biotopverbund. Grundlagen und Massnahmen einer neuen Naturschutzstrategie.* Ulmer Verlag, Stuttgart.

Luder, R. (1992) Wie eine Kulturlandschaft umgestaltet wird (z.B. die Gemeinde Lenk). Erste Ergebnisse einer vergleichenden Untersuchung über den Landschaftwandel im Berggebiet zwischen 1979 und 1991 in der Gemeinde Lenk. In: Wie Strassen wirken. Grenzen der Erschliessung im Alpenraum. *CIPRA Info, 27,* 4-5.

Mader, H.-J. (1979) Die Isolationswirkung von Verkehrsstrassen auf Tierpopulationen untersucht am Beispiel von Arthropoden und Kleinsäugern der Waldbiozoenosen. *Schriftenreihe für Landschaftspflege und Naturschutz, 19,* 1-119.

Mader, H.-J. (1984) Animal habitat isolation by roads and agricultural fields. *Biological Conservation, 29,* 81-96.

Mader, H.-J. & Pauritsch, G. (1981) Nachweis des Barriere-Effektes von verkehrsarmen Strassen und Forstwegen auf Kleinsäuger der Waldbiozönose durch Markierungs- und Umsetzungsversuche. *Natur und Landschaft, 56,* 451-454.

Mader, H.-J., Schell, C. & Kornacker, P. (1988) Feldwege - Lebensraum und Barriere. *Natur und Landschaft, 63,* 251-256.

Pivnick, K.A. & McNeil, J.N. (1987) Puddling in butterflies: sodium affects reproductive success in *Thymelicus lineola. Physiological Entomology, 12,* 461-472.

Schaub-Perrenoud, W. (1989) Kulturelemente in der Landschaft. In: *Natur aktuell. Grundlagen für ein Natur- und Landschaftsschutzkonzept* (Hrsg. P. Imbeck et al.), pp. 200-216. Verlag des Kantons Basel-Landschaft, Liestal.

Schröder, E. (1989) Der Vegetationskomplex der Sandtrockenrasen in der Westfälischen Bucht. *Abhandlungen des Westfälischen Museums für Naturkunde, 51,* 1-95.

Wegmann, S. (1991) Naturschutz bei der integralen Erschliessungsplanung: eine Literaturübersicht. *Schweizerische Zeitschrift für Forstwesen, 142,* 627-645.

Weidemann, G. & Reich, M. (1995) Zur Wirkung von Strassen auf die Tierwelt der Kalkmagerrasen unter besonderer Berücksichtigung der Rotflügeligen Schnarrschrecke (*Psophus stridulus*) und des Schachbretts (*Melanargia galathea*). *Beiheft Veröffentlichung Naturschutz und Landschaftspflege Baden-Württemberg, 83,* 407-424.

Typ 15: Weitere ökologische Ausgleichsflächen

Klaus C. Ewald, Martin Lobsiger

Es ist weder sinnvoll noch möglich, alle ökologisch wertvollen Landschaftselemente in Typen aufzugliedern. In der Wegleitung für den ökologischen Ausgleich auf dem Landwirtschaftsbetrieb ist daher am Schluss die Gruppe "Weitere ökologische Ausgleichsflächen" aufgeführt. Diese weiteren ökologischen Ausgleichsflächen müssen durch die kantonalen Naturschutzfachstellen bezeichnet und die Kriterien für ihre Beitragsberechtigung festgelegt werden. Die Naturschutzfachstellen erhalten dadurch die Möglichkeit, regionale und in der gesamtschweizerischen Regelung nicht erfasste Besonderheiten spezifisch zu fördern und so der Gefahr einer Vereinheitlichung der Landschaft durch den Verlust regionaler Eigenheiten entgegenzuwirken.

Als Beispiele werden an dieser Stelle zwei Elemente von landesweitem Interesse dargestellt, deren Bedeutung für die Biodiversität relativ gut untersucht ist: die artenreichen Rebberge und gestufte, buchtige Waldränder. Anschliessend werden einige weitere ökologisch wertvolle Strukturelemente vorgestellt, die kaum als ökologische Ausgleichsflächen behandelt werden können, für die Erhaltung und Förderung der Biodiversität aber dennoch sehr wichtig sind. Strukturen rund um Landwirtschaftsgebäude beispielsweise bieten vielen Pflanzen und Tieren Lebensraum. So kann in Holzbeigen der Zaunkönig brüten oder Igel, Wiesel und Fledermäuse einen Unterschlupf finden (BUWAL, 1994). Holzbeigen können auch für seltene Käfer einen wichtigen Lebensraum darstellen (z.B. für den Alpenbock).

Die Bedeutung der artenreichen, naturnahen Rebberge als Lebensraum für Pflanzen und Tiere

Rebberge bieten mit ihren südexponierten Lagen gute Lebensbedingungen für wärmeliebende Pflanzen und Tiere (Linck, 1954; Hünther, 1961; Auvera, 1966) und naturnah gepflegte Rebberge gehören allgemein zu den artenreichsten Lebensräumen (Hesse & Reichard, 1988). So weisen beispielsweise Rebberge mit ausgeprägter Strukturvielfalt durch Terrassen und Trockenmauern eine grosse Artenvielfalt an Reptilien und wirbellosen Tieren auf (Werner & Kneitz, 1978; Seiler, 1986). Diese Vielfalt ist vor allem durch Herbizideinsätze bedroht, aber

auch das Ausbringen von Klärschlamm ist problematisch durch die damit verbundene Anreicherung von Schwermetallen in den Böden. Seit kurzem ist auch bekannt, dass eine permanente Begrünung von Rebbergen die traditionelle Hackflora mit Frühjahrs-Zwiebelpflanzen verdrängt (Arn *et al.* 1997a, b). Mit einer angepassten Unterwuchs-Bewirtschaftung kann jedoch der Konflikt zwischen der für den Bodenschutz günstigen Begrünung und den Anliegen des Artenschutzes entschärft werden *(siehe Farbtafel 15; Seite xiv).*

Die Bedeutung der gestuften, buchtigen Waldränder als Lebensraum für Pflanzen und Tiere

Die starke Verzahnung von Wald und Offenland in der traditionellen Kulturlandschaft führte zu langen und wertvollen Saumbiotopen, den Waldrändern. Weichhölzer und der Blütenreichtum der Waldränder bilden ideale Nahrungsquellen für pollenfressende und nektarsaugende Insekten, während Dornsträucher gute Nistmöglichkeiten für Heckenvögel bieten (Coch, 1995). Die Pflege dieses wertvollen Lebensraumes erfolgt in der Regel durch den zuständigen Förster. Da die Hälfte der schweizerischen Waldränder jedoch an Kulturland grenzt (Krüsi et al., 1996), hat auch die Bewirtschaftungsform der Landwirtschaftsflächen einen wesentlichen Einfluss auf den ökologischen Wert des Waldrandes (Krüsi & Schütz, 1994; Tidow et al., 1997). Wichtig für den ökologischen Wert ist zum Beispiel ein breiter Krautsaum. Zu interessanten, dynamischen Lebensräumen führt auch ein wechselndes Ver- und Entbuschen des an den Wald angrenzenden Offenlandes. Solche Flächen sollten als ökologische Ausgleichsflächen anerkannt werden *(siehe Farbtafel 16; Seite xiv).*

Holzzäune

Alte und morsche Holzpfähle bieten einer erstaunlichen Vielfalt von Lebewesen ökologische Nischen. So finden Marienkäfer, Sack- und Springspinnen, Schlupfwespen und andere Tiergruppen Überwinterungshabitate. In selbst- oder fremdgebohrten Höhlengängen leben viele seltene Arten wie Prachtkäfer, Bockkäfer, Werftkäfer, solitäre Bienen und Wespen. In einer detaillierten Untersuchung wurden 54 Bienen- und Wespenarten an und in Zaunpfählen gefunden. Diese nutzen die Zaunpfähle als Brut- oder Sonnplätze, herrscht doch dort ein günstiges thermisches Mikroklima, das oft 10 - 20° C über der Umgebungstemperatur liegt. Die Zaunpfähle bieten vielen gefährdeten Insektenarten Ersatzhabitate für die in der Agrarlandschaft selten gewordenen, abgestorbenen Baumstämme. Da sich viele dieser Insekten von den Zaunpfählen selbst ernähren, kann das Ganze als Kleinökosystem mit hoher Schutzwürdigkeit betrachtet werden (Heydemann & Müller-Karch, 1980).

Mist- und Komposthaufen

Mist- und Komposthaufen beherbergen eine spezifische Wirbellosengesellschaft. Wärmeliebende Tierarten profitieren von der bakteriellen Zersetzungswärme, die ein vollständiges Gefrieren der Misthaufen im Winter verhindert. Andere Tierarten profitieren von der permanenten Durchfeuchtung. Viele pilzfressende Wirbellose nutzen die intensive Vermehrung der Pilze im Mist aus. Die grosse Dichte der Insektenlarven auf Misthaufen zieht wiederum zahlreiche räuberische Arten an (Heydemann & Müller-Karch, 1980).

Lebensraum unter den Steinen einer Terrasse

Mehr als 70 Arten von wirbellosen Kleintieren wurden auf einer 5.6 m^2 grossen Fläche unter einer Terrasse in Kiel gefunden. Dabei wurden die Springschwänze und Milben nicht mitgezählt. Auf dem Boden unter der Terrasse treffen kellerbewohnende Tiere mit solchen aus den Gärten zusammen. In den Hohlräumen zwischen Steinen finden sich Schnecken und Spinnen. Einige Laufkäferarten und Spinnen benützen diese Stellen als Ruheplätze oder Winterquartier. Die vorgefundenen Ameisen bauten ihre Nester unter den Steinen. Ebenfalls gefunden wurden Regenwürmer, Tausendfüssler und Käferlarven sowie saprophage und räuberische Arten wie Collembolen, Asseln, Hundertfüssler und Springschwänze (Tischler, 1966).

Oftmals wird die Bedeutung dieser kleinen, unscheinbaren oder alltäglichen Strukturelemente für die Flora und speziell für die Fauna unterschätzt. Es sollte deshalb vermehrt darüber informiert werden und allgemein von einer übertriebenen "Ordnungsliebe" weggekommen und "Wildnis" wieder vermehrt zugelassen und be(ob)achtet werden.

Literaturverzeichnis

Arn, D., Gigon, A. & Gut, D. (1997a) Zwiebelgeophyten in Rebbergen der Nordostschweiz: Artenschutz und naturnaher Weinbau. *Zeitschrift für Ökologie und Naturschutz, 6,* im Druck.

Arn, D., Gigon, A. & Gut, D. (1997b) Bodenpflege-Massnahmen zur Erhaltung gefährdeter Zwiebelpflanzen in begrünten Rebbergen der Nordostschweiz. *Schweizerische Zeitschrift für Obst- und Weinbau, 133,* 40-42.

Auvera, H. (1966) Die Rebhügel des mittleren Maingebietes, ihre Flora und Fauna. *Abhandlungen des Naturwissenschaftlichen Vereins Würzburg, 7,* 5-59.

BUWAL (Hrsg.) (1994) *Naturnahe Lebensräume für den ökologischen Ausgleich.* Umwelt-Materialien, Nr. 17. Bundesamt für Umwelt, Wald und Landschaft, Bern.

Coch, T. (1995) *Waldrandpflege. Grundlagen und Konzepte.* Neumann, Radebeul.

Hess, C.-R. & Reichard, V. (1988) Zur ornithologischen Bedeutung von Biotoptypen in Weinbaugebieten. *Natur und Landschaft, 63,* 11-14.

Heydemann, B. & Müller-Karch, J. (1980) *Biologischer Atlas Schleswig-Holstein: Lebensgemeinschaften des Landes.* Wachholtz, Neumünster.

Hünther, W. (1961) Ökologische Untersuchungen über die Fauna pfälzischer Weinbergböden mit besonderer Berücksichtigung der Collembolen und Milben. *Zoologische Jahrbücher, Abteilung Systematik und Ökologie, 89,* 243-368.

Krüsi, B.O. & Schütz, M. (1994) Schlüssel zur ökologischen Bewertung von Waldrändern. *Informationsblatt des Forschungsbereiches Landschaftsökologie, Eidgenössische Forschungsanstalt für Wald, Schnee und Landschaft, 20,* Beilage.

Krüsi, B.O., Schütz, M. & Tidow, S. (1996) Wie bringt man Vielfalt in den Waldrand? *Informationsblatt des Forschungsbereiches Landschaftsökologie, Eidgenössische Forschungsanstalt für Wald, Schnee und Landschaft, 31,* 3-6.

Linck, O. (1954) *Der Weinberg als Lebensraum.* Hohenlohische Buchhandlung F. Rau, Öhringen.

Seiler, W. (1986) Sommervogelgemeinschaften von flurbereinigten und nicht bereinigten Weinbergen im württembergischen Unterland. *Ökologie der Vögel (Ecology of Birds), 8,* 95-107.

Tischler, W. (1966) Untersuchungen über das Hypolithion einer Hausterrasse. *Pedobiologia, 6,* 13-26.

Tidow, S., Schütz, M., Krüsi, B.O. (1997) Probleme bei Bewertung und Pflege von Waldrändern. *Informationsblatt des Forschungsbereiches Landschaftsökologie, Eidgenössische Forschungsanstalt für Wald, Schnee und Landschaft, 33,* 1-4.

Werner, W. & Kneitz, G. (1978) Die Fauna der mitteleuropäischen Weinbaugebiete und Hinweise auf die Veränderungen durch Flurbereinigungsmassnahmen und technisierte Bewirtschaftungsweisen. *Bayerisches Landwirtschaftliches Jahrbuch, 55,* 582-633.

Die Bedeutung der ökologischen Ausgleichsflächen und Strukturelemente für die Biodiversität

Für eine vergleichende Bewertung der Biodiversität in den ökologischen Ausgleichsflächen und Strukturelementen müssen verschiedene Aspekte berücksichtigt werden (Noss, 1990)[4]. Neben der spezifischen Zusammensetzung von (charakteristischen) Arten in den einzelnen Lebensräumen sollen deren regionale und nationale Verbreitung und Häufigkeit (Abundanz) miteinbezogen werden. Eine wichtige Rolle spielt die Häufigkeit des Habitat- oder Objekttypes in der Schweiz und der betreffenden Region sowie die Vielfalt und Originalität der im spezifischen Lebensraum potentiell enthaltenen Arten. Seltene Arten und Arten der Roten Listen sollten besonders berücksichtigt werden. Da unsere Ausführungen aber auf die entsprechenden ökologischen Ausgleichsflächen und Strukturelemente in der ganzen Schweiz zutreffen sollen, sind Verallgemeinerungen nicht zu vermeiden.

Generell kann eine flächendeckende extensive Landwirtschaft die Funktion der Lebensräume fördern. Die Kombination von mehreren zu fördernden Elementen kann den positiven Effekt auf die Biodiversität zusätzlich vergrössern (z.B. Lesesteinhaufen, einzelstehende Bäume und Hecken in extensiv bewirtschafteten Weiden). Wichtige Aspekte der Biodiversität wie lokale Häufigkeit oder Seltenheit und Grad der Vernetzung oder Isolation von Lebensräumen sind bei der Evaluation auf regionaler und lokaler Ebene unbedingt zu berücksichtigen. Eine wichtige Stellung für die Erhaltung der genetischen Vielfalt innerhalb von Arten nehmen auch die Populationen am Rande der jeweiligen Verbreitungsgebiete von Arten ein. Solche Randpopulationen sollten daher besonders gefördert werden. Diese Punkte im Detail zu diskutieren würde aber den Rahmen der zusammenfassenden Bewertung sprengen. Die Beurteilung und Förderung dieser wichtigen Aspekte der Biodiversität wird eine Aufgabe der kantonalen Naturschutzfachstellen sowie der Naturschutzbehörden der Gemeinden sein.

Die detaillierten Auflistungen der biologischen Kenntnisse über die verschiedenen ökologischen Ausgleichsflächen und Strukturelemente zeigen eindeutig, dass die einzelnen, in der Wegleitung für den ökologischen Ausgleich aufgeführten Flächentypen und Strukturelemente

---

4 Noss, R.F. (1990) Indicators for monitoring biodiversity: a hierarchical approach. Conservation Biology, 4, 355-364.

eine unterschiedliche Bedeutung für die Erhaltung und Förderung der Biodiversität haben. Dies wird beim Vergleich extensiv genutzter Wiesentypen besonders deutlich: Magere Dauerwiesen (Typ 1A) zeichnen sich durch eine extrem grosse Vielfalt von Pflanzen und Tieren und durch einen hohen Anteil von Arten der Roten Listen aus (Baur et al., 1996)[5]. Ihre Vielfalt kann deshalb kaum mit der Biodiversität von stillgelegtem Ackerland (Typ 1B) - vorallem in den ersten drei Jahren nach der Stilllegung - verglichen werden. Eine sehr hohe Bedeutung für die Erhaltung der Biodiversität haben auch extensiv genutzte Weiden (Typ 2) und Streueflächen (Typ 5) und von hoher Bedeutung für die Biodiversität sind Waldweiden (Typ 3), Hochstamm-Feldobstbäume (Typ 8), einheimische, standortgerechte Einzelbäume und Alleen (Typ 9), Hecken und Feldgehölze (Typ 10), Wassergräben, Tümpel und Teiche (Typ 11), Steinhaufen und Steinwälle (Typ 12), Trockenmauern (Typ 13) und unbefestigte, natürliche Wege (Typ 14).

Schlussfolgerungen und Empfehlungen

Das Ziel dieser Dokumentation ist, die Dynamik in der Landschaftsentwicklung so zu unterstützen, dass die Biodiversität entscheidend gefördert wird. Die Wegleitung für den ökologischen Ausgleich auf dem Landwirtschaftsbetrieb berücksichtigt verschiedene Aspekte zur Erhaltung und Förderung der Biodiversität zu wenig. Die vorliegende Studie zeigt, dass bestimmte Vegetationstypen und Strukturelemente eine hohe Bedeutung für die Biodiversität haben, durch die Ausgleichsleistungen aber nicht adäquat gefördert werden. Tabelle 1 fasst diesen Sachverhalt zusammen. Die Rubrik "Bedeutung für die Biodiversität" basiert auf einer integralen Abschätzung der einzelnen Typen, aus welcher die Empfehlungen für die Höhe der Öko-Beiträge abgeleitet wurden.

---

[5] Baur, B., Joshi, J., Schmid, B., Hänggi, A., Borcard, D., Stary, J., Pedroli-Christen, A., Thommen, H.G., Luka, H., Rusterholz, H.-P., Oggier, P., Ledergerber, S. & Erhardt, A. (1996) Variation in species richness of plants and diverse groups of invertebrates in three calcareous grasslands of the Swiss Jura mountains. Revue suisse de Zoologie, 103, 801-833.

Tabelle 1. Biologische und finanzielle Bewertung der ökologischen Ausgleichsflächen und Elemente

Typen von Ausgleichsflächen und Strukturelementen	Bedeutung für die Biodiversität	Aktuelle Ökobeiträge (Fr./ha)	Empfehlung für die Ökobeiträge	Anmerkungen
1 Extensiv genutzte Wiesen:				
A Magere Dauerwiese	***	450 - 1200	➡	
B Stillgelegtes Ackerland	*	3000	↘	Dauer der Stillegung ist wichtiges Kriterium
2 Extensiv genutzte Weiden	***	keine	↗	Problem: Definition, Abgrenzung, Vollzug
3 Waldweiden	**	keine	↗	Problem: formal nur bei Privatwald möglich, Waldareal nicht landwirtsch. Nutzfläche, deshalb über Art. 31b des LwG nicht förderbar
4 Wenig intensiv genutzte Wiesen	**	300 - 650	➡	
5 Streueflächen	***	450 - 1200	➡	
6 Ackerschonstreifen	*	keine	(↗)	wird vom BLW geprüft
7 Buntbrachen	*	3000	↘	Beiträge zu Gunsten von Ackerschonstreifen senken
8 Hochstamm-Feldobstbäume	**	15 / Baum	➡	
9 Einheimische, standortgerechte Einzelbäume und Alleen	**	keine	↗	Überprüfung im Vollzug schwierig
10 Hecken, Feldgehölze	**	450 - 1200	➡	Hohes Potential für Einwanderung seltener Arten Problem: hoher Arbeitsaufwand für Pflege
11 Wassergräben, Tümpel, Teiche	**	keine	↗	Problem: Abgrenzung
12 Ruderalflächen, Steinhaufen, Steinwälle	*/**	keine	↗	Problem: Qualitätsnachweis, Vollzug
13 Trockenmauern	**	keine	↗	Problem: Definition, Abgrenzung, Vollzug, Besitz
14 Unbefestigte, natürliche Wege	**	keine	↗	Problem: Definition, Vollzug, Besitz (häufig Gemeindebesitz, d.h. nicht förderbar über Art. 31b LwG)
15 Weitere ökologische Ausgleichsflächen	*/**/***	keine	↗	Problem: Waldrandabgrenzung

Bedeutung für die Biodiversität: * mittel; ** hoch; *** sehr hoch

Empfehlung für die Ökobeiträge: ➡ Ökobeiträge beibehalten; ↗ Ökobeiträge erhöhen; ↘ Ökobeiträge senken

Unsere Empfehlungen sehen bei einzelnen Ökoelementen eine Anpassung der Vergütung resp. die Einführung einer Vergütung vor (siehe Tabelle 1, Seite 95). Die Typen 9 und 11 - 15 müssen Eingang in die Öko-Beitragsverordnung (OeVB) finden, damit sie in Zukunft ebenfalls beitragsberechtigt sind. Generell sind wir der Meinung, dass 5% ökologische Ausgleichsflächen für das Anliegen der Biodiversität nicht ausreichen. Um einen weiteren Biodiversitätsinfarkt zu verhindern, empfehlen wir, bereits im Rahmen des AP 2002 den Anteil der ökologischen Ausgleichsflächen auf 10 - 15% in der Talzone und auf 20 - 30% in Bergzonen zu erhöhen.

Es ist uns bewusst, dass die Biodiversität nur **ein** Entscheidungskriterium für die Festsetzung von Entschädigungen ist. Die finanziellen Mittel werden aber im Rahmen von Artikel 31b des LwG zugesprochen, welcher eine Ökologisierung in der Landwirtschaft bewirken soll. Der Aspekt der Biodiversität muss daher unbedingt stärker berücksichtigt werden, wie dies auch im "Landschaftskonzept Schweiz" des BUWAL angestrebt wird. Auf keinen Fall dürfen aufgrund von Vollzugschwierigkeiten Vegetationstypen und Strukturelemente, die für die Förderung der Biodiversität sehr wichtig sind, aus der Subventionierung herausfallen. Die Forderung nach einer stärkeren Berücksichtigung der Biodiversität bei der Festlegung von ökologischen Ausgleichszahlungen ergibt sich auch durch die Ratifizierung der Konvention über die biologische Vielfalt (Agenda 21, Übereinkommen der Vereinigten Nationen über die biologische Vielfalt). Mit der Unterzeichnung dieses Übereinkommens am 21. November 1994 hat sich die Schweiz verpflichtet, weitreichende Massnahmen zur Erhaltung der biologischen Vielfalt sowie zur nachhaltigen Nutzung ihrer Elemente zu ergreifen. Artikel 10 des Übereinkommens legt insbesondere die folgenden Möglichkeiten für eine nachhaltige Nutzung der biologischen Vielfalt fest: "Einbezug der Erhaltung der Biodiversität in Entscheidungsprozessen" und "die Förderung von traditionellen Kulturverfahren, welche die biologische Vielfalt erhalten". Im Artikel 11 des Übereinkommens wird jede Vertragspartei - also auch die Schweiz - ersucht, Massnahmen einzuführen, die als Anreiz zur Erhaltung und nachhaltigen Nutzung der biologischen Vielfalt dienen. Mit einer Anpassung der ökologischen Ausgleichsleistungen gemäss den vorliegenden Kenntnissen kann unseres Erachtens ein wichtiger Beitrag zur Erfüllung des Übereinkommens geleistet werden.

Die Aspekte des Biotopverbundes und der Vernetzung wurden in unseren Empfehlungen nicht berücksichtigt, obschon sie für die Förderung der Biodiversität von ausserordentlicher Bedeutung sind. Es ist zu prüfen, ob auch sie mit Flächenbeiträgen oder mit anderen Instrumenten gefördert werden können - beispielsweise durch kantonale Subventionen, welche das

System der Bundes-Ökobeiträge ergänzen. Ein ungelöstes Problem besteht beispielweise auch in der inzwischen häufig anzutreffenden "ausgeräumten Landschaft" mit ihren intensiv genutzten Landwirtschaftsflächen. Besonders in diesen Gebieten ist eine stärkere Förderung extensiver Landbaumethoden anzustreben und eine Renaturierung von Teilflächen würde die Biodiversität in diesen Gebieten entscheidend erhöhen. Solche Massnahmen sind notwendig, aber ausserordentlich aufwendig und teuer. Hier stösst das Beitragssystem nach Artikel 31b LwG wohl an seine Grenzen.

Die Förderung der Biodiversität darf sich generell nicht nur auf die in der Wegleitung ausgewählten, naturnahen Vegetationstypen und Landschaftselemente beschränken. Ökobeiträge sollten nicht nur Landwirtschaftsflächen zugesprochen werden, sondern sie sollten auch für wertvolle, an landwirtschaftliche Nutzflächen angrenzende Strukturelemente wie Waldränder, Seeufer u.ä. ausgerichtet werden können. Waldränder beispielsweise, die nachgewiesenermassen eine grosse Bedeutung für die Biodiversität haben, sind in der Wegleitung nicht einmal aufgeführt. Obwohl auch diese Strukturen für die Erhaltung und Förderung der Biodiversität in Landwirtschaftsgebieten von grosser Wichtigkeit sind, muss an anderer Stelle auf sie eingegangen werden.

Dank

Wir danken Herrn Frohmut Gerheuser (Büro für Politikberatung und Sozialforschung, Brugg) für begleitende Diskussionen und den Herren Dr. Mario F. Broggi, Schaan; Prof. Andreas Gigon, ETH Zürich; dipl. zool. Peter Müller, Zürich; Dr. Urs Tester, Pro Natura, Basel und Dr. Michael Zemp, Naturschutzfachstelle Basel-Stadt, für die Durchsicht des Manuskriptes und wertvolle Ratschläge. Ganz besonders danken wir Frau lic. phil. I Claude Lesslauer für das kritische Durchlesen der ganzen Arbeit und Herrn Dr. Samuel Zschokke für die Hilfe beim Herstellen des druckfertigen Manuskriptes. Unser Dank gilt auch dem Schweizerischen Nationalfonds, durch dessen finanzielle Unterstützung der Druck dieser Arbeit erst möglich wurde, und für die Unterstützung unserer Forschungsarbeiten im Schwerpunktprogramm Umwelt (Integriertes Projekt Biodiversität, Projekte Nr. 5001-44620 [Bruno Baur], Nr. 5001-44647 [H.P. Müller, Klaus C. Ewald et al.], Nr. 5001-44644 [Bernhard Freyer] und Nr. 5001-44622 [Andreas Erhardt]).